U0202663

南海之歌

郑 蔚 著

少年儿童出版社

图书在版编目（CIP）数据

南海之歌 / 郑蔚著．—上海：少年儿童出版社，2023
（少年读中国）
ISBN 978-7-5589-1639-7

Ⅰ．①南… Ⅱ．①郑… Ⅲ．①南海—青少年读物
Ⅳ．① P722.7-49

中国国家版本馆 CIP 数据核字（2023）第 039470 号

少年读中国

南海之歌

郑 蔚 著

仙境设计 装帧

出版人 冯 杰
责任编辑 庞 冬 美术编辑 陈艳萍
责任校对 黄亚承 技术编辑 许 辉

出版发行 上海少年儿童出版社有限公司
地址 上海市闵行区号景路 159 弄 B 座 5-6 层 邮编 201101
印刷 镇江恒华彩印包装有限责任公司
开本 890×1240 1/32 印张 4.75 字数 75 千字 插页 8
2023 年 7 月第 1 版 2023 年 7 月第 1 次印刷
ISBN 978-7-5589-1639-7 / I · 5112
定价 28.00 元

版权所有 侵权必究

序

最美三沙

三亚的海与三亚的天，一样蓝。比三亚还要蓝的天，比三亚还要蓝的海，在三亚的南面。

三亚机场的上空，回响起飞机螺旋桨的轰鸣声。我们乘坐的飞机很轻，很快加速到时速 130 千米，机长轻轻拉杆，飞机就以 4 度的起飞仰角告别大地，扑向蓝天。

我们的心早已飞向了那湛蓝的南海。

中国地理学会专家单之蔷曾纵论中国的海水之美：中国有渤海、黄海、东海、南海，还有台湾东部的太平洋，但要比较海水之美的话，无疑是南海最美。渤海、黄海、东海的海水透明度很低，这是因为入海的河流带来了泥沙，令渤海、黄海和东海的近岸部分水色浑浊，无法展现大海的水色之美。

南海，当之无愧是中国最美丽的海。

让我们一起来探秘南海的神奇和美丽吧！

目录

耕海守岛，南海建市三沙人

“在那云飞浪卷的南海上，有一串明珠闪耀着光芒……”40多年前，广播电台里传出的这首《西沙，我可爱的家乡》，让天南地北的人们对南海充满遐想。

我们的飞机正向着南海飞去。

南海究竟在哪里呢？

南海是亚洲的三大边缘海之一，它北接中国广东、广西，东面是菲律宾群岛，西面是中南半岛，南面是加里曼丹岛、苏门答腊岛等，与太平洋和印度洋连接。我国的海南岛就坐落在南海的碧波之上，通过琼州海峡与我国广东省的雷州半岛隔海相望。在南海358万平方千米的广袤海域内，还分布着我国的中沙、西沙、南沙和东沙群岛。

三沙，最小的陆地和最大的海域

三沙市地处中国南海中南部、海南省南部，辖西沙群岛、中沙群岛、南沙群岛的岛礁及其海域。西沙群岛是三沙市位置最北的群岛，主体部分还分为永乐群岛与宣德群岛。中沙群岛位于西沙群岛东南部，多为环礁、暗沙，黄岩岛是唯一一个在涨潮时仍露出海面的小岛。南沙群岛是三沙市位置最南、分布最广的群岛，主要分为东、南、西三个群。三沙市总面积 200 多万平方千米（含海域面积），其中陆地面积约 13 平方千米（不含吹填新增陆地），而西沙群岛约 10 平方千米，南沙群岛约 3 平方千米。这三大群岛共有 200 多个珊瑚礁、浅滩和暗沙。

南海和我国的东海、黄海和渤海大不一样。南海不仅海域大，而且比东海、黄海和渤海要深得多。南海的海底地势是西北部高、东南部低。南海的平均水深是 1212 米，而在靠近广西、广东的北部湾，水深只有 20 ~ 50 米；在南海的中部和东部，水深超过 4000 米，最深处为 5377 米。这意味着，世界上除了中国等少数几个国家拥有的深潜器可以下到南海的最深处以外，即使是世界上赫赫有名的核潜艇也没有

办法抵达其最深处。

在南海，海水的透明度可以深达30多米，相当于一栋八九层高的楼房，这是过去从来没有看到过如此纯净水体的我们，完全无法凭空想象的。

飞机从三亚起飞一个小时后，透过飞机右侧的舷窗，我们看见了美丽的北礁。

北礁是海中的一个环礁。它就像一枚镶嵌着翡翠的铂金戒指，遗落在南中国海里。它整个都被海水淹没，但你却能隔着海水看见那铂金的指环，依然闪耀着银色的光芒；你能透过海水看见那镶嵌着的翡翠，让指环内的潟湖为之改变颜色。

在为南海之美震撼中，我们终于来到了魂牵梦萦的永兴岛。根据风向，机长驾驶飞机做着陆前的“四转弯”，使我们得以多角度欣赏永兴岛的英姿：

面积2平方千米多的永兴岛，遍布椰林，就像一枚南海中的绿宝石。一条长堤，将它和近旁的石岛联系在一起。石岛是西沙群岛中海拔最高的小岛。一条长长的跑道，为永兴岛搭起了北接海南，南连中沙、南沙群岛的空中桥梁。

永兴岛是我国三沙市的市政府所在地。

2012年6月21日，国家民政部发布了《民政部关于国务院批准设立地级三沙市的公告》。国务院正式批准，撤销西沙群岛、南沙群岛、中沙群岛办事处，建立地级三沙市，政府驻西沙永兴岛。

如果说，三亚过去是中国领土最南端的地级市的话，从2012年6月21日那天起，中国最南端的地级市已经是“三沙市”。“三沙市”的设立，不仅强化了我国对南海主权的实际管辖，而且为“主权归我”设立了一个更合理的行政载体。

国务院2012年6月批准设立“三沙市”，并不意味着我国的行政管辖权从那天刚刚开始，也并不意味着过去西沙、中沙、南沙群岛这“三沙”就没有一级政府管理机构。早在1949年之前，当时的中国政府就将西南中沙置于广东省或海南省的管辖之下。而三沙设地级市，清晰无误地向世界表明了中国政府坚定的立场和决心：南海主权在我，不容侵犯。这是中国政府的底线，绝不允许任何侵占我领海、岛礁的行为。

2020年4月，经国务院批准，三沙市设立西沙区和南沙区。西沙区人民政府驻永兴岛，管辖西沙群岛的岛礁及其

海域，代管中沙群岛的岛礁及其海域；南沙区人民政府驻永暑礁，管辖南沙群岛的岛礁及其海域。

三沙，最年轻的地级市和最少居民的城市

“浩瀚南海，岛礁列布。秦谓涨海，汉曰七洲洋。唐始开辖制，长沙石塘，隶于琼州。千年建制沿革，一统绵延，渔民耕海……”

踏上三沙市永兴岛码头，见码头正中矗立一巨石，上刻《三沙设市记》。总共169个字的碑文，言简意赅地讲述了三沙的千年历史。

千年历史的三沙，如今正式设市已逾10年。

2012年7月24日，三沙市人民政府正式挂牌。

从码头前往三沙市政府大楼，先要经过“海军收复西沙纪念碑”和西沙海洋博物馆。西沙海洋博物馆是驻岛官兵创办的海洋博物馆，也是我国唯一由军人创办的海洋博物馆，里面展示着生活在南海的各种海龟龙虾和珍稀鱼类的标本，以及形态各异的珊瑚花，琳琅满目，令人目不暇接。

永兴岛上还留存着一栋二战时期日军侵占该岛时建的

碉堡，以不忘国土被侵略被践踏的历史。在它后面，是一座现代化的气象台，从1957年起，服务于我国的西南中沙群岛，负责西南中沙群岛区域的气象预报预警工作，还是国家基准气候站。这两栋近在咫尺而年代、功能和性质截然不同的建筑，昭示着两个截然不同的时代，如同历史一般在此交汇，十分醒目，令人过目不忘。

如今的三沙与正式建市前相比，发生了哪些变化？过去的海南渔民在成为三沙市民后，有哪些新的诉求和期待？在南海独特的地理条件和外部发展环境下，三沙又面临着怎样的挑战？

在我国许许多多大城市里，都有一条大街叫“北京路”，或是主干道，或是最繁华的商业街。在西沙永兴岛上，最“繁华”的马路也叫“北京路”。这条北京路不过200来米长，却汇聚着西沙、南沙、中沙群岛几乎所有的商业企业：工商银行、中国人保、中国电信、中国邮政、超市、宾馆、餐厅，甚至还有医疗、科研单位：三沙市人民医院和中科院南海海洋研究所综合实验站。在北京路上，路旁工工整整地写着三沙人的梦想：“主权三沙，幸福三沙，美丽三沙”。

这是中国位置最南、管辖海域面积最大而陆地面积最

小、人口也最少的地级市，发出的不同寻常的“城市宣言”。

这不同寻常的宣言，源于三沙不同寻常的人文历史、地理环境和地缘政治。三沙是我国唯一的位于赤道热带的城市，整个城市几乎全部由珊瑚岛礁组成，岛礁、沙洲、暗礁、暗沙等有 280 多个，海陆面积约 200 多万平方千米，是我国管辖海域面积最大的地级市。根据 2020 年底的人口统计，三沙市的常住人口为 2300 多人。这个“浪花上的地级市”，是中国国家主权在南海存在的象征。

三沙百业待兴，三沙百业正兴。

2012 年，我首次造访永兴岛，永兴岛给我留下最深的印象，与其说它是海南省下辖的一个县市，不如说是“海防前哨”更为确切。

“海防前哨”，在过去的几十年里，曾经是永兴岛最重要的使命。即使三沙建市 10 多年了，三沙依然不是国内“驴友”们想去就能去的旅游胜地。永兴岛上西沙宾馆的房价每晚 580 元，但和三沙建市前一样，不是来客就可以住的，前提是你的来访必须得到三沙市有关部门的批准。

南海风云诡谲，三沙依然是保卫祖国海疆的前哨。

三沙的事是国家的事，这是三沙人对自身使命的清醒认

识。

就在永兴岛的码头上，我曾见到中国海警 46105 舰。多年前，中央电视台曾播出该舰在南海维权的视频实况：一艘侵入我海域的邻国海警船疯狂地与它相撞，将它甲板左侧的栏杆扶手撞歪。几个月过去了，一直在南海执行维权任务的 46105 舰甚至无暇去后方的码头整修。

无论是白天还是晚间，46105 舰随时可能接到命令出海维权护渔。我只要看到码头上它原来的泊位空着，就知道这艘英勇的舰艇正在南海的波涛中践行它的舰训——“忠勇，尚武，凝志，戍疆”。

三沙市最大的综合执法船是吨位 400 吨的中国渔政 306 船，负责南沙的护渔维权和常态化巡查执法。它一年出航执行任务近百次，一年在三沙海域巡航近 1.5 万海里。如今，船名已正式改为三沙市“综合执法 2 号”。

毫无疑问，与尚未建市时相比，三沙市在南海维权执法的力度大大增强了。曾经一度被外界淡忘的海岛民兵也早已重新组建。新组建的海岛民兵与我们过去印象中仅仅是“海滩巡逻”、“礁石站岗”大不相同了：他们更多的是出海维权，配合中国海警将擅自侵入我岛礁、海域的异国渔船或武装船只驱离。

“我们有南海舰队和中国海警，为什么维权还需要海上民兵出动？”永兴岛的渔民村村主任告诉我，南海海域礁盘众多，海况复杂。在执法过程中，外籍侵权渔船见到中国海警船过来，往往会狡猾地躲进礁盘环绕的潟湖。而中国执法船只由于船型大、吃水较深而无法靠近礁盘，这时，西沙群岛军警民海上联防协调中心就会指挥海上民兵的渔船和摩托艇出动，他们可以进入礁盘、潟湖执行驱离行动。

记得多年前，这位村主任曾告诉我，他的渔船抓过的非法侵渔的外国渔船有50多艘。“这两年情况有好转吗？”我问。

周边有的国家的渔民到中国来侵渔，是由他们政府全额买单的。他们的渔民到他们军队侵占的岛礁上去加油、加水、补给粮食蔬菜，一分钱也不要。所以他们的渔民到我们的海域来炸鱼炸虾、挖珊瑚、抓海龟，一点后顾之忧也没有，但给我们南海的生态环境、渔业环境造成了严重的影响。白天你看不到他们，天一黑，几十条小船就趁黑过来了，最近的离我们永兴岛只有 3 海里。

“要驱离他们也不容易，我们的小艇靠上去，他们要用竹竿反抗，有的船只上甚至还带了枪，真的是斗争。”村主任说。

看我有点紧张，他笑着说：“我们民兵的后面是海警的舰只，所以他们还不敢动枪。我们上去就把他们用来炸鱼的炸药雷管给没收了。你想不到的，最多的那一次，我们从一艘非法渔船上缴获了 300 千克炸药。”

别看整个三沙常住的渔民不足千人，但三沙渔民在整个南海的意义和作用正越来越重大。目前，国家有关部门开始给长年在三沙的渔民发放驻岛出海补贴。过去，只有政府公职人员出差三沙才可以享受补贴，现在渔民去西沙、南沙，也可以享受政府的补贴，理由很简单：“出海就是出征，安家就是卫国！”

这是从子孙后代的高度，来肯定和认知当代三沙渔民的付出。

只有理解了南海风云诡谲的情势，才懂得三沙人为什么将“主权三沙”放在“幸福三沙，美丽三沙”之前。没有主权，哪来幸福，更何谈美丽呢？

生命线：补给船、淡水和航班

多次去三沙，和三沙人一说起三沙发展的前景，他们

就提“马尔代夫”。不仅三沙市委宣传部外宣办的同志这么说，就是在宣德群岛上终年打鱼的渔民嘴里也蹦出了“马尔代夫”这个词。

马尔代夫与三沙足有万里之遥，这个地处印度洋但同样全部是由珊瑚礁组成的岛国，是世界闻名的旅游胜地。三沙要建成马尔代夫这样的旅游胜地，不是不可能，不是不具备自然条件，但难度要比马尔代夫大得多。

三沙之难，主要在于它的自然环境艰苦，建设的难度也因此加大。三沙市属热带海洋性季风气候。一年间受太阳两次直射，全年为夏季天气，热量和气温均为全国之冠，但由于洋流和台风，少有酷暑。每年6月到11月，多台风和降雨，平均有6～10次台风，故称为“湿季”；每年12月到次年5月，南海既无台风，降雨也少，称之为“干季”。

正是这独特的地理环境，使得三沙有“四高”：高温、高强照、高辐射、高盐分。永兴岛每年有8个月的时间气温在35℃以上，三沙空气中盐分的含量是海南三亚的1.5倍，湿度通常为82%～84%。

三沙还有台风之虞。2013年9月29日，强台风“蝴蝶”正面袭击三沙，永兴岛上渔民的住房无一完好，用钢筋混凝

作者首访三沙时鸟瞰南海明珠永兴岛。　郑　蔚　摄

作者首访西沙时为赵述岛留下了倩影。 郑 蔚 摄

潟湖环绕的西沙洲，美不胜收。　郑　蔚　摄

向浪花礁灯塔进发。　郑　蔚　摄

土建成的西沙宾馆同样受损。

在岛上生活了十多年的老渔民们却笑道：比过去还是好多了。过去台风影响天数最长的时候，船一个多月上不了岛。岛上所有能吃的都吃了，说实话，就连老鼠都被吃干净了。

2014 年，我们上岛的那天，正赶上永兴岛上唯一的一家面馆“三沙面点王”开张不久，全岛兴奋，食客盈门。但 3 天后，我兴冲冲赶去想尝尝鲜，不料面馆却闭门谢客，崭新的门脸上贴一红纸：“因原料用完，面馆等下周船来再开张。”这在内陆是无论如何想不到的事：等一碗面，先要等来一艘船。

如今，这是再也不可能的事了。

这件事虽小，却在告诉我们：补给船和淡水，是三沙的生命线。

补给船和淡水，因此也是三沙最大的民生工程。

说起永兴岛和海南岛之间的海上客货运输，解放后，西沙群岛上居民主要依靠木帆船、木壳机帆船、铁壳船和海南岛往来，包括以“西渔”、“南渔”命名的系列小船。这些船吨位很小，不用说，抗风能力肯定差。

1978 年 11 月，党中央批准建造的客滚轮“琼沙 1 号”

投入使用。所谓“客滚轮”，就是不仅能载客，更重要的是机动车可以直接驶进船上，随船航渡。“琼沙 1 号”总吨位 2160 吨，船长 86 米，宽 13.4 米，航速 16 海里 / 小时，续航力 3000 海里。它服役 19 年后，于 1997 年退出航线。

1992 年 2 月，“琼沙 2 号”正式投入航线，但它的很多指标并没有超过建于上世纪 70 年代中晚期的“琼沙 1 号”。“琼沙 2 号”载重量 1410 吨，船长 77.48 米，宽 12.21 米，航速 15 海里 / 小时，于 2007 年 1 月退役。

2007 年 2 月投入使用的“琼沙 3 号”交通补给船，总吨位 2500 多吨，长 84 米，宽 13.8 米，载客 200 人，可载货 750 吨。2014 年我第二次去永兴岛采访时，乘坐的就是从海南岛文昌清澜港往返永兴岛的客货交通补给船“琼沙 3 号”。尽管它已经启用了电脑操控的防摇鳍，可将船只的左右摇摆度减少近半，但船开出清澜港不过三四个小时，船上已有多名乘客发生晕船呕吐。而此时船离海南岛渐行渐远，手机很快也没了信号。

2007 年，“琼沙 3 号”的船期是每三周往返永兴岛一次。每次抵达永兴岛，就是岛上军民的节日。直到 2012 年三沙建市，“琼沙 3 号”的往返频率才调整为一周一班。

三沙建市以来，从海南岛到永兴岛这岛际客货交通补给船有什么变化？

“琼沙 3 号”船的政委不假思索地说：“这船越来越嫌小啊。”驻岛的部队、渔民和施工单位都要上岛，船又不能超载，每次开航都有不少人上不了船；其次，岛上那么多项目要开工建设，建材、设备来不及运，经常租用“椰香公主”号帮忙运设备和建材；再者，过去上岛是三种人：军警民，“民”主要是渔民，戴眼镜的不多，现在去岛上的专家学者多了，三沙的发展规划要请他们帮着制定，所以在甲板上就可能站着几位北大清华的教授。

2014 年年底，“琼沙 3 号”也退出了这条航线。这条岛际客货航线上的接棒者是新的客货交通补给船“三沙 1 号”。过去乘“琼沙 3 号”晕船的旅客，现在坐“三沙 1 号”可能不晕船了。这是因为“琼沙 3 号”载重仅 2500 多吨，只能在 7 级风的海况下航行；而“三沙 1 号”排水量有 8100 多吨，不仅在 8 级大风中可以航行，在 10 级风中也可以安全靠港。

“三沙 1 号”于 2013 年 12 月 25 日开工建造，2014 年 8 月 10 日下水，同年 12 月 3 日圆满完成航海试验，随即投入文昌——永兴岛航线。“三沙1号”船长122.3米，宽21米，吃水深度5.4米，排水量7800吨，设计航速19海里/小时，最大航速为20节①，从文昌清澜港驶到永兴岛的时间从过去的15个小时缩短到10个小时。它是客滚船，集装箱卡车可以直接开上船。船的客运能力增长一倍多，一次可搭载400多人，而货运能力比“琼沙3号”增加9倍，船上还预设了直升机停机坪，必要时可带直升机出航，以执行海上救援和岛礁巡查的任务。它的续航力为6000多海里，足以从三亚直接抵达祖国最南端的曾母暗沙。

2019年8月，比“三沙1号”更现代化的“三沙2号”船，也已投入这一航线。

“三沙2号”是海南省三沙市新建的8000吨级交通补给船，全长128米，宽20.4米，吃水5.7米。2019年7月12日，“三沙2号”在广州举行命名仪式。次月20日，“三沙2号”首航，从文昌清澜港出发驶向三沙永兴岛，同样是“夕发朝至”。

虽然“三沙2号”与“三沙1号”吨位相近，但功能又有了新的提升。三沙市考虑到三沙地处全球最繁忙的海上通

---

① 节：国际通用的航海速度单位。一节等于1海里/小时。

道的前沿，也是台风多发的区域，因此专为“三沙 2 号”增加了海上应急搜救和医疗救助的功能。在“三沙 2 号”的第 4 层船舱里设有一个配置齐全的海上医学救援区域，分别有诊疗室、X 光检查室、无菌手术室和病房等，医生可在此进行较大型的手术，船上还设置有多条应急救援通道，包含了海陆空三栖救援方式：第一种方式就是直升机从空中可以直接输送伤病员登船，或者用直升机直接将船员转运回大陆；第二种方式是通过汽车舱滚装甲板，救护车可以直接开进船体的汽车舱里面；第三种方式还可以从海上进行伤病员的转运，为此在船的舷侧设置了海上登乘门。可见，“三沙 2 号”不但能够提升南海各岛礁之间的交通和运输保障能力，还为我国承担和履行海上搜救、人道主义救援等国际责任和义务提供了有力支持。

而作为一艘为三沙量身定制的客滚轮，“三沙 2 号”的装载能力也不容小觑。船的车辆舱可以装载 20 辆 10 米长的标准集装箱卡车，而且其中 10 辆可以是冷藏箱车，冷藏集装箱在船上可以直接插上电保持冷藏状态，以继续保持物资的新鲜度。

这让我想起一件趣事，2012 年我首次去永兴岛采访时，

正是盛夏，气温高达 36℃，难得遇到一位驻岛工作人员的孩子，于是想给孩子买个冷饮。不料在超市冰箱里看到所有的冷饮都像曾经掉在地上还被人踩过一脚的样子，我十分不解。超市工作人员惭愧地解释说，因为冷饮从海南岛运来，在“琼沙 3 号”上无法冷藏，所以所有的冰棍、雪糕等冷饮在航行途中都化开了，到了岛上只能重新进冰箱冷冻，难怪个个“其貌不扬”，甚至“奇形怪状”了。值得庆幸的是，这已经成为往事了。这条冷链的建立，不仅使冷饮“挺括”了，更重要的是，鸡鸭鱼肉和素菜等食材运进永兴岛都能保鲜了。

“三沙 2 号”在提升乘坐的舒适感方面，也做了进一步优化，包括增大了客舱窗户的玻璃，增加了采光量，让乘客的视野更开阔。船上还装载了移动中通系统，可以实现从文昌清澜港到永兴岛之间海上移动通信网络的全程覆盖，手机不再一出海就没有信号了，这对今天的旅客来说，可是一件要紧的事啊！

“三沙 2 号”还可以装载 1000 吨淡水，给永兴岛上提供足够的淡水补给。记得 2014 年，那时的“琼沙 3 号”每个航次只能给岛上带去 300 吨淡水，如今岛际交通的各类补

给能力确实大大增强了。

我不由想起 2012 年采访永兴岛邮政局时，邮政局老陈介绍他用水的日常："我们平时喝的水，是从海南运来的。"在邮政局后院有个不锈钢水箱，可以灌 2 吨半的饮用水，用来做饭烧菜。"我们家属楼顶上，还有个雨水采集系统，所有雨水会通过管道，简单过滤后汇集到楼下的水窖里。这个雨水收集系统的水，用来洗脸刷牙洗澡洗衣服。"

但万一刮台风了，那时的"琼沙 3 号"来不了怎么办？

"那就讨水喝啊，"老陈笑了起来，"我第一次上岛是 2000 年，跟岛上的部队、工委都很熟，没有水喝、没有菜吃，他们知道了，都会相帮我，送我一点。最后如果船一直不来，大家都没有水喝、没有菜吃，就只能一起喝雨水、啃咸菜啦。"

确实，驻岛的艰苦，不是在标语口号里，真的就是在每天一点一滴的生活里。没有艰苦奋斗的精神，真的是没法子在永兴岛上待下去，更别说守卫这南海前哨了！

老陈回忆起早年驻岛时的艰苦生活，那时岛上有个食品站，负责供应猪肉。谁要买肉，都是以单位名义去订。如果说，食品站有一头猪 300 斤可以出栏了，他先接受单位预订，你 30 斤，他 50 斤，凑起来够 300 斤了，食品站就杀猪，订

数不够就暂时不杀猪，继续养着。猪身上不管什么部位，统统16元一斤。主刀的师傅一刀下去，起码10斤，无论肥瘦，拿走。

“还有各单位自己养猪的，今天我杀猪，别的单位也可以来要三五十斤，反正我一下子吃不完。将来别的单位杀猪，再把借的三五十斤肉还回来。这里单位和单位、人和人之间相帮的事情比较多一点。”老陈说。

这种不同单位人和人之间、跨行业的单位之间的“互助合作”方式，别说今天的大城市里，哪怕是小县城里大概也难遇见了。

“岛上是艰苦，但人适应起来很快的。住久了，慢慢地你才会发现这个岛上人和人之间的关系和大陆上有点不一样。在大陆上你可能一个居民楼里住了10年也不认识别的人，而这里正是因为环境艰苦，台风啥灾害的比较多，所以大家要互相依靠。岛上人不多，能力也有限，但大家都是真心的。台风过去10天后，人家听说我快没有米、没有菜了，就会自己送过来。来永兴岛之前，我不能说自己是因为‘热爱海岛’上岛的，但现在我可以说是因为喜欢岛上的人，才愿意在这里干下去。我上岛的期限快满了，还想申请再干一

年。”

2014 年 4 月，永兴岛虽然已建成了日产 300 吨级的海水淡化装置，使岛上用水紧张的状况趋于缓解，但淡化站的负责人告诉我，起初，淡化后的海水还不能饮用，只能用于洗漱。那时，不少渔民和驻岛单位仍在使用永兴岛的地下水资源。

当时，永兴岛的地下水水位正在逐年下降。目前提取的地下水，水质已不如早先纯净。三沙北控水务有限公司的技术部主管也告诉我：用地下水洗脸，一块新毛巾两星期就发黄了。

三沙地域特殊，饮用水仅仅靠海运是不可持续的，北控水务已经引进了以色列的技术设备，在岛上安装完毕，在永兴岛投运新的 500 吨海水淡化装置，其出水水质已满足国家饮用水标准，可以直接饮用，从根本上走出了靠船运水喝的窘境。

淡化后的海水，真的可以安全饮用吗？

测试证明，海淡水的 100 多项指标全部符合国家对饮用水的规定。这已经算不上高新技术了，以色列和不少中东国家的人群饮用海淡水已经有 60 多年了，没有发生过健康问

题。

从 2015 年起，永兴岛就不再抽取地下水。

地下水资源是“美丽三沙”看不见却一定要守住的“底线”。

2016 年 7 月，三沙海水淡化厂正式投运。海水经过预处理——机械处理——后处理这三道流程，成为可以安全饮用的淡水。这现代化的海水淡化技术，结束了永兴岛人不得不喝苦涩的地下水的历史。

现在，在永兴岛的永兴社区里，随便拧开哪家的水龙头，都有完全达到饮用水标准的纯净的淡水汩汩流出。

让三沙人更为自豪的，是永兴岛已开通了民用包机航线，只要没有影响飞行安全的台风来袭，由海南航空公司执飞的航班每天都往返在海口美兰机场和三沙永兴机场之间。

永兴岛建成的军用机场早在 1991 年 4 月就已正式开飞。当时机场跑道长度2400米，能满足我空军歼击机的起降条件。它的意义匪浅：一旦有战事需要，我空军的战斗基地就比原来的海南三亚前出了 300 千米，我战机可直接从永兴岛起飞投入战斗，因而可获得更远的航程和更多的滞空作战时间。

2012 年，海南省申请将永兴机场改扩建为军民合用机

场。

2016年12月16日，永兴机场作为军民合用机场正式通航。永兴机场跑道加长到了3000米，宽50米，可以起降波音737～800以下机型的客机。改扩建后的永兴机场，航站楼有3500平方米，机坪上还有4个民航机停机位。

朋友，您将来如果有机会去三沙市，除了坐船，还可以选择从海口坐飞机去永兴岛呢！只要1小时，您就可以从海口“乾坤大挪移”空降到永兴岛了！这碧海蓝天之间的特殊航程，您向往吗？

民生：中国最南端的学校和医院

一座城市与乡村相比，意味着学校、医院、道路、交通、水电煤等社会公共基础设施和行政管理体制及能力更为健全和完善。

建市以来，覆盖三沙的政府行政管控能力建设、海洋执法能力建设和社会公共基础设施建设，不断推进，进展喜人。

最醒目的是西南中沙群岛渔业补给基地，这里的码头泊位建设已经完成。两道水泥堤坝像张开的臂膀，将港湾里、

码头上多艘来自海南琼海潭门和文昌等地的渔船揽在怀中，它可以靠泊5000吨级的船舶。其实，这码头的“学名”还要复杂些，叫“西南中沙群岛渔业补给暨永兴岛陆岛交通码头”。既然是永兴岛的陆岛交通码头，海南至永兴岛的运输船“三沙2号”轮等其他运输或公务船舶，也将在此靠泊；既然是“西南中沙群岛渔业补给暨永兴岛陆岛交通码头”，该码头还是南海渔民的“民心工程”：过去海南渔民去南沙、中沙群岛打鱼，因船只不大，无法携带充足的油料、淡水、大米和蔬菜，况且南沙岛礁路途遥远，不可能返回海南岛补充给养，三沙市因此提出在永兴岛建立服务渔民的渔业补给基地，不仅为渔船提供靠泊避风的港湾，还能为渔船加油、加水、加冰、补充大米等食物。

永兴岛上，三沙市人民医院大楼已于2013年7月按一级医院标准建成，新建门诊楼和住院楼各一栋，建筑面积近2500平方米，可一次提供30个病床位。这比起过去所有医疗功能只能挤在两间屋子的时候来说，条件确实大为改善。医院建设有两栋三层的门诊大楼和住院大楼，配备了X光、彩超、心电图等先进的医疗设备，增设了诊疗自动化设备、监控与广播系统，共有医护和行政管理人员35人，设置内科、

外科、妇儿科、五官科等10多个科室，共有床位30张。还针对三沙渔民潜水时易出现“减压病”而开设了高压氧舱。近年来，高压氧舱已救治了许多渔民患者。

永兴岛上的地方发电系统建设也取得了新进展：两部500千瓦柴油发电机早已投产。三沙市根据西沙风力强劲、日照量大的特点，已建成光伏、风能和柴油发电为一体的“微网电力系统”，为驻岛军民提供更为清洁低碳的能源。10年前，我在永兴岛上遭遇的“停电”经历，已成随海风远去的往事。

永兴岛污水处理系统和西沙群岛垃圾收集转运工程，是三沙设市后启动的第一个项目。三沙建市之前，岛上的生活垃圾、餐厨垃圾堆放等问题难以解决，干垃圾和湿垃圾混在一起，主要靠露天焚烧、堆放填埋等方式处理。但永兴岛寸土寸金，堆放场地十分有限，过度填埋还会对附近海域造成不良影响。

垃圾收集转运站、污水处理厂和海水淡化及配套网管工程布设于整个三沙市，每日的海水淡化能力可达1000吨，处理污水能力为1800立方米，可处理垃圾20吨。岛上的生产、生活污水处理都要经过污水处理厂的无害化处置，处理

后的水用于岛上绿化浇灌，可以做到“污水不入海”。难怪我们从空中俯瞰永兴岛时，它依然如镶嵌在碧海中的明珠，海水依然是那么蓝。

如今，三沙环保中心的工作人员每天都会对垃圾分类收集点的垃圾进行清理与集中焚烧，可回收的垃圾会打包压缩送回海南岛进行回收，不可回收的厨余垃圾则用于发酵肥料等使用，这也叫“可回收物外运资源化，有机物岛内资源化”。

这下你明白了吧，在你看到的永兴岛上道路整洁、绿草如茵、鸟语声声后面，是三沙建市以来政府和民众不懈的努力，才让永兴岛没有走“先建设，再治理”的老路，而让它成为一座年轻且充满无限活力的“翠色之岛”。

朋友们，如果将来你们有机会去三沙，可要从自我做起，保护好三沙的环境啊！

永兴岛上共有两个渔民村，如今已经是永兴社区，可谓旧貌换新颜。过去，这几十户渔民，有的住的是自家搭的木结构铺油毛毡式高脚屋，有的住的是过去部队留下的平房，还有的甚至居住的是年头更久远的圆形碉堡。如今，社区居委会综合保障楼已投入使用，渔民定居点的 19 栋新楼也已建成，几十户渔民欢天喜地地住上了政府为他们建的新家。

这样的新家，政府可不是只为永兴社区的居民建设，在赵述岛、晋卿岛、银屿岛、鸭公岛，政府建设的居民小区也都已建成。

我之前赴永兴岛时，注意到岛上已经有了永兴岛版的“北京路商业街”，这里有超市、餐厅、银行、邮局、理发店、咖啡吧和卡拉 OK，甚至三沙人民医院也在北京路上。一到夜晚，海上升明月，海风拂过椰林，驻岛单位的年轻人和渔民就纷纷前来“逛街”和宵夜。

但我总觉得永兴岛似乎依然缺了什么。

静下心来想一想：缺的是孩子。就连当年永兴岛上的一南一北两个“渔民村”（如今已是永兴社区），也很少见到小孩子的身影。永兴岛多的是驻岛单位的年轻人和渔民家庭，怎么会独缺孩子？

原来，那时永兴岛上既没有幼儿园，也没有学校。

在永兴岛的居民社区，几对年轻渔民夫妇告诉我，因为岛上没有学校，他们的孩子都在老家让爷爷奶奶或外公外婆带着，有的在潭门，有的在琼中，还有的在万宁。

大人们也想孩子在身边，可是孩子已经到读小学的年龄了，不读书不行啊。孩子只好留在老家做“留守儿童”了。

经过三沙市政府的努力，以及历时 18 个月的建设，到 2015 年年底，永兴岛上有史以来的第一个学校开学了。新建的教学楼高 4 层，建筑面积 4650 平方米，包含教室、档案馆、水下考古中心等多种功能区域。

永兴学校是海南省教育厅和三沙市“厅市共建”学校，日常管理及师资队伍由琼台师范学校委派。来自琼台师范学校的年轻教师洪老师说，永兴学校现有教师十多人，幼儿园和小学部共有学生二三十人。永兴学校现阶段开设小学、幼儿园、职业教育培训课程，目前共有幼儿园 3 个班、小学也分为 3 个班。按照三沙市的学龄前适龄儿童的数量和未来发展规划，永兴学校小学部将来还将开设一至六年级共 6 个班。未来还会整合资源，积极争取设立大专、本科的成人教育函授点，为三沙军民提供再学习、再深造的机会。

永兴学校的建成，结束了三沙市没有学校的历史。这是我国最南端的学校，距离北京 2680 千米。

2022 年 2 月 17 日，早上八点整，永兴学校新学年的升国旗仪式正式开始。在庄严的国歌声中，鲜艳的五星红旗在师生们的注目礼中徐徐升起，迎着海风猎猎飘扬。随后，校长致辞，鼓励同学们新的学期迎接新挑战和新成长，实现新

目标。

永兴学校举行开学典礼，在永兴岛可是一件大事。当天，就连分管教育的副市长都赶去学校看望师生，感谢老师告别家人，长年驻守海岛培育下一代。

第二天，永兴学校正式上课。开学第一课也很有海岛特色，学校请来市公安局、市人民医院和市生态环境局的工作人员，通过 PPT 生动形象地为老师和同学们讲解交通规则、禁塑知识、垃圾分类知识，以增强师生的文明守岛意识。

市人民医院儿科志愿医生也曾在开学第一课为学生讲授防范新冠肺炎的相关知识，引导学生们养成讲究卫生的好习惯，增强自我防疫能力。课堂上，志愿医生用生动活泼的语言，详细讲解了在家中、密集场所该如何预防病毒，为小朋友们上了一堂生动形象的预防课。

在永兴岛上学读书，一点不比在海口市上学的条件差啊！

300 万棵：在土地最稀缺的岛上种树

我们天天在大地上行走，脚下的泥土是我们最熟悉不过

的，要是泥土弄脏了鞋，我们还会觉得很讨厌。但谁想到，泥土在西沙群岛却是格外难得和稀罕。

西沙群岛由40多个岛、洲、礁、沙、滩组成，从地质上看，其中有31个主要是由珊瑚、贝屑构成的珊瑚沙岛，泥土何其珍贵，而这在南海诸群岛中绝非孤例！

我在西沙采访时，曾听说过海军驻岛部队一个感人的故事：

西沙群岛中，距离永兴岛最远的是中建岛，它面积只有1.5平方千米，海拔也仅有2.7米高，过去人称“南海戈壁”。我开始奇怪：“南海”怎么会和“戈壁”连在一起？原来，中建岛也是由珊瑚礁堆积而成，40多年前也和很多小岛一样是座“三无岛”：无泥土、无淡水、无绿色。没有泥土和淡水，哪来绿色？没有绿色，生态环境并没有比戈壁沙漠好多少。

早在40多年前，中央军委就授予了海军中建岛驻岛部队“爱国爱岛天涯哨兵”荣誉称号。我们的“天涯哨兵”说：“上岛就是上前线，守岛就是守阵地！每一个中建人心中都清楚，祖国把这片蓝色国土交给我们，是信任，是考验，必须不辱使命。”

不辱使命的天涯哨兵，不仅守住了中建岛，还铁了心要把中建岛建成西沙最美的岛之一。第一任守备队张队长探亲回岛时，从家乡背来一袋黑油油的泥土，并在罐头盒里培育出第一棵空心菜苗。从此，官兵们探亲出差，回中建岛时人人的背囊里都有一份特殊的“家乡土特产”：一包家乡的泥土。如今，中建岛上有从祖国大陆 20 多个省市带来的土壤。它们中，有来自西北的黄土、东北的黑土、岭南的褐土，还有中原的黏土和五指山的红土，这真是南海版的“精卫填海”啊！

驻岛的海军官兵们还将土壤按照祖国地理分布，分别挂牌标出“北京”、“上海”、“内蒙古”等省市名称。在来自 20 多个省市的土壤上，种出了白菜、辣椒、小葱和生菜等蔬菜。为了改善土壤的质量，中建岛的官兵还搭乘渔船去西沙有名的“鸟的王国”东岛，东岛上生活着数万只鲣鸟，其沉积多年的鸟粪是天然的有机肥。他们克服渔船颠簸厉害、晕船呕吐等困难，从东岛带回了一袋袋鸟粪，与中建岛的珊瑚沙、“背来土”掺和在一起，使中建岛的地力大增。如今，中建岛已试种成功了 20 多个品种的瓜菜，一年四季长得郁郁葱葱，年产蔬菜达 2000 多千克。

驻岛官兵不仅要种菜，还要种树。中建岛的年平均气温达 40℃，要在年日照时间近 3000 小时的原珊瑚沙上种活一棵树，简直是“不可能完成的任务”。和大多数人一样，驻岛官兵首先想到的是种椰子树，因为椰子树在海南岛遍地都是，不仅抗风能力强，而且还结椰子，椰子水可以成为官兵的“战备水”。但出乎意料的是，在中建岛上种椰子树成活率实在太低：数十年来种植的 1000 多棵椰子树只活了不到百株。海南岛上的树种不行，那在永兴岛上生长良好的树种应该没问题了吧？于是，他们种下了抗风桐、羊角树、野枇杷，谁料想它们也水土不服，在中建岛的存活率也很低。怎么才能改变“南海戈壁”的面貌？海军水警区上上下下都为此操起心来。

功夫不负有心人。水警区一位首长发现湛江市东海岛栽种的马尾松耐风、耐热、耐旱，于是派人捎来 100 株在岛上试种，结果成活了 99 株！如今，中建岛上的马尾松成活已达数千株，使这里成为了名副其实的海上“绿色家园”。

我曾有幸登上中建岛采访。只见岛上青松苍翠，绿树成荫，已然成为蓝色大海中的一枚绿色的翡翠。在白色的沙滩上，守岛官兵还用海马草种出了国旗、党旗和“祖国万岁”

等图案和大字标语。

守岛官兵自豪地说："我们为祖国守的不是一座荒岛，而是南海中的一座宝岛！"

2012年三沙建市后，这"护蓝增绿"的传奇正在西沙更多的岛礁上上演。

与永兴岛相邻的七连屿不远处有座西沙洲，是西沙的第十大岛，它全部由细沙构成。2012年我曾从空中俯瞰西沙洲，它就如同一个银色的圆盘。10年过去了，墨绿的木麻黄、深绿的诺丽果、鲜绿的椰子树和嫩绿的马鞍藤，已经为西沙洲铺上了层层叠叠的绿色。10多万棵树先后在西沙洲上安家后，厚厚的落叶为白色的细沙提供了大量的有机质，细沙开始了向土壤转化的历程。而进入繁殖期的大凤头燕鸥、粉红燕鸥和褐翅燕鸥，也飞来这儿产卵，西沙洲呈现出前所未有的勃勃生机。截至2022年年底，三沙市在西沙洲、赵述岛、鸭公岛、晋卿岛等岛礁上种植了各类苗木300多万株，存活率达95%，赵述岛上甚至收获了樱桃。

昔日的"南海戈壁"，已变身生机盎然的"海上绿洲"！

（感谢朱斌先生对本文的贡献。）

渔船犁浪，风帆千里耕“祖海”

码头上，三十多位渔老大簇拥着习近平总书记，个个笑逐颜开。这张被潭门渔民称为“破天荒”的巨幅照片，矗立在海南省琼海市潭门镇最热闹的富港路上。它记录着2013年4月8日下午，潭门人幸福难忘的一刻。

时任潭门渔民协会会长的丁之乐说，这天下午3点多，习近平总书记来到潭门镇渔民协会。“总书记很和蔼、很亲民，他和我握了很长时间的手，还问我们南海打鱼安全不安全。我说有国家的护渔船保护，我们打鱼很安心。”

潭门一位船主指着中心渔港的码头说，总书记就是在这里登上“琼·琼海09045”渔船的，还从船头走到船尾，问渔民出海航行的情况，西沙那里好不好捕鱼，捕鱼量大不大。

临走前，总书记还主动邀请渔民一起跟他合影留念，于是有了这张潭门人引以为豪的照片。

“我们潭门连个小县城都不是，历史上也从来没有出过状元和宰相。我们从来没敢想过，总书记会专程来咱这小地方。总书记一来，我们的信心都起来了。”一位老渔民感慨地说。

潭门，这个位于琼海东部的沿海小镇，人口不足3万，却是南海最重要的渔港之一。潭门渔港为什么这么重要?这还要从潭门渔民的故事说起。

潭门渔民的故事，就是南中国海的故事。

第一章：传奇

在我国渔民群体中，他们是不同寻常的一族。

他们从不守着一个湖泊，或是一条江河，而是终年在南中国海的波涛中出没。

潭门渔民是个极为独特的群体，他们世世代代出海捕鱼，将西沙、东沙、中沙和南沙与祖国联系在一起。

中国的南海有多大，他们的船驶得就有多远。

三沙市成立那年，潭门有渔民4000多人，渔船150艘。那时，渔民还没有大船。这150艘渔船中，六成是100吨左右的木壳船，其余为200～300吨的铁船。西沙、东沙、中沙、南沙，是他们祖祖辈辈作业的渔场。

登船出海的时候，他们就像壮士出关。

“谁要是心里放不下老婆，就别下海了。”老船长陈奕传说话简洁干脆。

这不是哪一位船长的话。船长的父亲，船长父亲的父亲，都是这么说的。

一代一代，他们就是在南海的浪涛里长大的。

看看海水的颜色，他们就能辨别是近洋还是远海；看看天上的海鸟，他们就知道茫茫大海哪里有礁盘和岛屿；看看夜空中的星辰，就知道他们的家潭门镇在什么方向。

“我们从来不晓得怕，”他们说，“那是我们中国的海。我们才不怕别的什么国家的士兵。禁渔期过了，黄岩岛我们还是要去的。”

他们是浪涛上的勇士。

也是南海的耕耘者。

他们还是历史的参与者。在南海的开发史上，他们的祖先是最早的先驱。

从唐朝起，南沙就留下了他们的帆影。

因此，他们把南海称作“祖海”。

也许是因为长年在海上生活，他们与人交流的时候语言都很简洁。说起南海，他们只回答四个字：

忠诚祖海。

闯荡南海几十年

明朝有一位识文断字的潭门渔民，将自己的航海经验记录下来，编成一本通向南沙的航海手册。一代又一代的后人，又不断地增补、修改和完善。这本民间传抄流传下来的航海图志，被考古学者命名为《更路簿》。

《更路簿》的“更”是里程单位，一“更”为 10 海里左右，“路”为航向。《更路簿》的第一篇《立东海更路》开头写道：“自大潭（潭门）过东海（西沙），用乾巽，驶到十二更时，便半转回乾巽、巳亥，约有十五更。”讲的是从潭门港出发到西沙群岛航行的方位，以及有多少距离。在没有现代导航设备的情况下，船老大们就是靠着《更路簿》上祖祖辈辈积累下来的经验闯荡南中国海的。

今天的船老大们早已不用《更路簿》了，靠的是 GPS 导航仪和电罗经。

“现在的船老大变傻了！”年逾花甲的老船长陈奕传感慨地说。

他从 16 岁起下海，已经说不清楚去过多少次黄岩岛了。

2012 年 4 月 10 日，他们的“琼・琼海 03888”号渔船

抵达黄岩岛的时候已是晚上。航行了三天三夜，船员们都累了，船下了锚大家就开始休息。陈奕传心里想着明天是个好天，风也不大，该有不错的收获。

第二天早晨天蒙蒙亮，头一个醒来的他却发现：在黄岩岛潟湖东北出口不远处，竟然停着一艘外国军舰。

这艘外国军舰比他以前见过的要大，虽然他叫不出它的名字，但他还是意识到了这艘军舰来者不善，并立即提高了警惕。

他马上叫醒了今年 38 岁的大儿子，大儿子也是从小在船上长大的，老人已经开始锻炼他当船长。

他们立即向潭门镇的渔政和边防部门报告了这个情况，然后警惕地观察着外国军舰的动向。很快，外国军舰放下了两条军用橡皮艇，向他们驶来。橡皮艇越驶越近，可以看见艇上有持枪的士兵、拿着对讲机的军官和拿着照相机对他们船只拍照的官员模样的人。

“我们运气比较好，他们没有上我们的船，只是一个劲地围着我们的船打转，不停地拍照。”陈奕传说，“就是他们上了我们的船也不怕，到这个关头，你怕有用吗？”

李成端的“琼·琼海 05176”号渔船就没有这么好的运

气了。“爬上来11个外国人，里面有6个拿枪的军人。我们渔民们手无寸铁，没有枪的怎么拦得住有枪的啊？”

荷枪实弹的外国军人将李成端的渔船翻了个底朝天，所有的舱盖都被打开看过。

“我们也是前一天晚上刚到黄岩岛，还没有开始打鱼呢，他们也搜不到值钱的渔获。他们装模作样地要查中国官方发的《南沙专项捕捞许可证》，我们是在中国的领海合法捕捞作业，怕什么？我就拿出《许可证》给他看。他们还拍了照。”

下船前，他们还拿出一个英文文件让李成端签字，被有经验的李成端一口回绝了：“我就是不签。我估计这是一份要我们承认自己是非法越界捕鱼的文件。这是我们的祖海啊，我就说看不懂，不签。”

对方拿他没有办法，在李成端的船上搜查了半个来小时，悻悻而去。

如今，李成端的“琼·琼海05176”号渔船停在潭门中心渔港里，和他家的另外两艘渔船靠泊在一起。我随他乘坐小艇上了船。

这是条七八十吨的木船，甲板上停着4艘作业用的小船，

驾驶室在最上层。驾驶台后方是个柜子，柜子上铺着被褥，就成了仅能容一人的床，床的里侧还放着一套简易的音响和通讯器材。出海时，这里就是李成端日作夜息的地方。

“我们怎么会越界捕鱼呢？再说黄岩岛就是我们中国的。”李成端边说边从船长室顶层的格子里拿出一卷海图展开，“你看，我们的海图标得清清楚楚，怎么会越界呢？”

这张海图，纸张已经泛黄。“我是 1964 年出生的，这张海图比我年纪还大，是我爷爷传给我的。”他边说，边小心翼翼地将海图收好。

“我第一次去黄岩岛是 1984 年，那时候，这里根本没有外国人的影子。现在他们开兵舰过来，说黄岩岛是他们的，天底下有这种道理吗？”

“要是他们还派军舰到黄岩岛来，你们还敢去黄岩岛吗？”我问。

“当然去啊，”李成端毫不犹豫，“这是我们的岛啊，只要禁渔期一过，黄岩岛我肯定还是要去的。这个你不能怕，否则南海就没有地方可以打鱼了。”

“海里的鱼比过去少多了”

陈奕传自家的“琼·琼海 03888”号渔船，虽是木质船，但船长 28 米、船宽 5.5 米，吨位是 97 吨，非常气派。船上装了两套动力设备，马力 484 千瓦，正常情况航速 8 节，最快时可以达到 11 节。

航速 11 节，就是为了躲避和摆脱近年来南海上出现的歹徒而准备的。这些年来，南海上时常有周边国家的蒙面歹徒越界侵害洗劫我国正常作业的渔船，成为危及我南海渔民生命财产的最大不安全因素。

而这种情况，在过去是较为少见的。

陈奕传记得自己 16 岁下海时，渔船还是生产队的渔船，船只有 20 吨，马力只有 80 千瓦。第一次下海是去文昌的七洲列岛，他在船上整整吐了 6 天，几乎没吃什么东西，把这辈子的晕船都晕完了。从此之后，几十年来他遇见再大的风浪也不晕船了。

1970 年下海的他，最早是到海里去捞海石头。海石头分布在浅海区，捞上来卖给人家盖房子用。当时 1 吨海石头只值几块钱，他在生产队里捞一天海石头，队里给他 1 毛 5

分钱。虽然钱少，但家里实在太穷，有了1毛5分钱可以不饿肚皮了。

渔民下海可不是农民下田，而是和工人到厂里上班一样的。工厂里机器是工厂的，当时渔船是生产队的；工厂里新工人有3年学徒期，刚下海的渔民也有3年学徒期。学徒工一年只挣一两百块钱，但是出海时，船上管饭。

让陈奕传至今觉得自豪的，是国家给渔民很高的粮食定量：一个月42斤米。这是重体力劳动者才有的定量标准，比镇上、县里的国家干部定量都要高。

在饥饿的年代，能吃饱饭就可以成为拼命干活最直接的动力。到了上世纪80年代，陈奕传就当上了大副。那时，渔民出海还是靠海图；而到了上世纪90年代，渔船上装备了导航仪，海图开始退出。

他最早一次跑西沙是1975年。从1982年起，几乎每年要跑两三次，永兴岛、珊瑚岛、金银岛、甘泉岛，西沙群岛的很多岛礁他都去过了。

那时候国家还没有禁止捕捉海龟。西沙群岛的海龟、龙虾、苏眉、海参、马鲛，丰富至极。“我捞到过最大的梅花参有20来斤重，”陈奕传给我比画说，“大小差不多有80

厘米长，晒干后，竟然还有 1 斤 2 两重。当时是 1980 年代，这么大的海参干只卖到 28 元一斤，现在这么大的海参，500 元一斤都买不到。”

原来，海参大多生活在水深 13 ～ 15 米的海底，但它移动的速度极为缓慢，一个小时只能前进 4 米，所以渔民能潜入水中抓捕。渔民抓获海参后，先要将海参剖腹洗净，然后放在渔船上的大锅中用海水煮 1 小时左右，最后再放在礁盘上晒干。如果没有煮透，海参就容易烂。

海参非常神奇，离开水后，没有多久就会自己融化，化作一汪海水，无影无踪。这里面有什么科学奥秘，作为渔民的陈奕传自然解释不了，但这种现象渔民都知道。所以捞上海参后，必须煮后晒干保存。海参的寿命最长不超过 8 年，超过 8 年以后，它也会自己融化在大海里。

我后来就此请教过中科院南海研究所的吴超群研究员，方才知道海参有着陆地动物没有的“自溶化功能”。

“以前我们去一次南沙，一般可以带回来五六百斤的干海参。现在，能带回几十斤干货，运气就算好的了。”

潭门渔民卖得最好的鱼，其实是苏眉鱼。苏眉的学名叫“波纹唇鱼”，属于硬骨鱼纲鲈行目隆头鱼科，是一种珊瑚

鱼类，生活在南沙群岛的珊瑚礁盘里，体色随着栖息的环境而呈现艳丽的色彩，鱼体上的斑纹特别明显，色彩艳丽，状如斑马，眼睛上有两道不规则的黑色条纹，苏眉也因此得名。

“1995 年、1996 年的时候，南沙的苏眉最多。六七个渔民一天可以抓到 80 斤苏眉，也就是 30 条左右。你知道苏眉是多少钱一斤吗？那时就要 240 元一斤！一天就能攒将近两万元！”

陈奕传指着自家这栋两层小楼说：“这 550 平方米的房子，就是靠苏眉盖的。”话里透着抑制不住的骄傲。

“现在呢？”

“现在，一天能捉到两条苏眉，就像在街上捡到个金戒指一样了！海里的鱼比过去少多了。”他的声音低落下去了。

“没有国家支持，我们出不起海”

陈奕传的“琼·琼海 03888”号渔船是二手船，买了才两年多，当时花了 120 多万元。“这艘船，现在买至少 150 万！我们的舱木板多硬啊，螺丝都拧不进去。这样硬的木头才顶得住大风大浪，七八级的风你也可以开！这舱木板那时

一立方 2000 元，现在至少要 7000 元！我当时向亲戚朋友借了 50 万元买船，是买对了。”陈奕传说。

“借款要几分利呢？都还清了吗？”我问。

“亲戚朋友之间借钱还要利息吗？不用利息，慢慢挣慢慢还。已还得差不多了，还欠了点。”

潭门依然民风纯朴，亲情厚重。

“作为船长，你出海前要准备多少物资？”我想了解船长的“出海成本”。

陈奕传扳起手指告诉我：“首先是油料要备足，如果去黄岩岛，至少要准备 10 吨油；如果去南沙，要带 15 吨油；现在一吨柴油要 9000 多元，这是出海成本的大头。去一趟南沙，要两个来月的时间，还要准备好大米，船上有 20 多个人吃饭干活呢。冬天还要多带点，因为海上刮东北风，船顶风回来开得慢；船上还有五六个冰箱，要放 800 ~ 1000 斤的猪肉，还有几百斤的蔬菜。南瓜、胡瓜这些能多放点日子的蔬菜，要多备点。还有最重要的淡水，也要带上六七十吨吧。”

他忽然想起了什么：“船长还要负责把国旗带好。潭门的船长出海，一般最少要带 3 面国旗。在南海上遇上大风，

一个晚上就能把一面新旗撕裂。一看国旗被风吹坏了，马上换新的。现在越境到我们南沙、西沙、中沙来捕鱼的周边几个国家的船很多。这海里的资源能不受影响吗？在黄岩岛，我们的国旗就得白天黑夜挂着，让他们知道这是咱中国的渔船到自己家的祖海来了。

“渔民一年基本上出 5 次海，最多也就是 6 次，年收入三四万元。渔民打鱼回来，就没事了，高兴的话干点家里的农活。潭门的渔民家里多多少少还有点地，一人三五分，大多种点蔬菜。镇边上的书田村那里有水田，一年可以种两季水稻，冬天还可以放掉水，换种一季辣椒，来点钱。但船主就不得休息了，出一趟海，回来就要修船。”

这些年，渔民下海的工资涨了吗？

“说实话，真没有什么太涨。因为渔民心里最清楚，这几年来，海里的光景一年不如一年，船主没有挣到多少钱。那些越境过来的渔船，一看四周没有中国的渔船，毒鱼、炸鱼的活都干上了，这对渔业资源破坏极大。而咱中国渔船现在一般都不这么干，一是政府不让干，边防在船上查到炸药要处罚你；二是渔民慢慢也有了环保意识，这是咱祖祖辈辈活命的‘祖海’啊，你把礁盘炸了，把珊瑚破坏了，岩礁型

的鱼类到哪里去安家？海里没有了鱼虾，咱儿子孙子将来到哪去打鱼啊？”

有渔民说，过去船东出一次海的收入，差不多相当于现在船东一年的收入。

“幸亏现在还有政府给远海渔船的‘柴油补贴’，一条船按马力算，有几十万的收入。要是没有国家的财力支持，咱真的出不起海了。”

渔民，勇敢者的职业

说潭门镇是海南渔业的摇篮，这话一点也不为过。

走进潭门镇渔民协会，只见最大的一面墙上贴着我国南海的大海图，左右两侧分别是介绍我国东、西、南、中沙群岛的《南海概况》和《南沙海域岛礁驻军及部分被占岛礁情况一览表》。潭门镇的渔民去东、西、南、中这“四沙”打鱼的历史，可以上溯到明朝永乐年间。

如今，我国在南海作业的渔船有 80% 就在潭门中心渔港。

在潭门镇，有个渔民的名字一直被人提起，那就是柯家

从2012年6月21日那天起，中国最南端的地级市已经是“三沙市”。“三沙市”的设立，不仅强化了我国对南海主权的实际管辖，而且为“主权归我”设立了一个更合理的行政载体。

沙市永兴(镇)管理委员会
中共三沙市永兴(镇)工作委员会

庄严时刻——五星红旗在三沙市升起。　郑　蔚　摄

三沙设地级市，清晰无误地向世界表明了中国政府坚定的立场和决心：南海主权在我，不容侵犯。这是中国政府的底线，绝不允许任何侵占我领海、岛礁的行为。

昌。柯家昌是潭门镇草堂村人，生于清末民初，幼年失去双亲，从未上过学。12岁时，他便随乡邻父老下海。那时，潭门渔民就开始潜水捕捞，一艘3个渔民的小艇也是等级分明：头目一人，站在艇首；船尾一人，是橹公；艇肚一人，站在船中，负责下海潜水捞蚵。“蚵”是砗磲的俗称，这种大型双壳软体动物是海洋贝壳中的最大者，直径最大可达1.8米。当时，柯家昌就是下海干活的“艇肚”。

当时渔民没有任何潜水设备，唯一的“技术手段”就是将当时点灯用的“海棠油”洒在海面上，油花压住波纹，还可增加光线的折射，使海底变得明亮。潜水的渔民就借此潜入海中寻找蚵，也就是捞砗磲。最初的作业方式极为原始，“艇肚”的作业强度和安全风险极大。头目发现砗磲后，指令“艇肚”下海潜水将蚵连壳捞上小艇，然后再抡起十几斤重的铁锤砸破壳取肉，因此作业效率极低。更有“艇肚”因为水下视线不清，误将手伸进几百斤重的大砗磲口中而被咬住夹断的。

善于观察的柯家昌却发现蚵有一个特点：平时在海底张开双壳，一被触动，立即紧闭双壳。他就在艇上将撑船的竹竿伸进打开的蚵壳中，蚵立即合上双壳咬住了竹竿，他只要

慢慢将竹竿提起，就可将蚵从海底捞到艇上，而不必再潜水。这新的作业方式使效率大大提高，而劳动强度大大降低。

初战成功，他又想法子用有树节疙瘩的树干做成捞蚵的工具，这样，即使上升过程中蚵“松口”也很难逃脱。但将蚵捞到船上后，仍要用大锤砸。碰到百多斤的砗磲，震得小艇都要散架了。

那么，有没有办法消除蚵的闭合力？蚵的闭合力来自两扇壳的河筋。河筋有力但很脆，只要用刀一扎就断。河筋一断，蚵的双壳就无法闭合。于是他发明了铁制的“蚵凿”，扎断蚵的河筋后就可以轻松取肉，再也不必用大锤硬砸了。

柯家昌还用捡来的废玻璃，发明了海南渔民第一副“潜水镜”，镜架是树干制成，凿出圆孔后嵌入玻璃，再用造船的桐油和石灰粉密封。这样的“潜水镜”虽然原始，但渔民的眼睛可以不暴露在咸的海水中。当时越南、菲律宾、马来西亚、泰国等地的渔民，还都没有见过什么叫“潜水镜”。也正由于这些发明的出现，使潜水捕捞成为潭门镇渔民一代一代传下来的经典作业方式。

海上漂流 20 天，绝处逢生

下海的风险之大，渔民最清楚。上个世纪 50 年代初，镇上年龄超过 50 岁的男人很少，码头上只见妇女和孩子，一打听：50 岁以下的男人都出海去了，而 50 岁以上的男人大多已经葬身大海。

大海风云莫测，即使在装备了 GPS 导航仪的今天，渔民仍是勇敢者的职业。

1997 年 9 月 28 日凌晨，专门在海上从事收购活鱼的“琼·琼海 0338 号”渔船，在从西沙永乐群岛返回潭门镇的途中遇上了狂风巨浪。倾盆暴雨中，满载的渔船从几层楼高的浪尖摔到浪谷，50 多吨的渔船直线下沉。全船 6 位渔民解开小艇慌忙逃生。

只有 2 吨的小艇载着 6 人在海上漂流。几个小时后，风雨停歇，但淡水桶里已经冲进了海水，咸得不能喝了。一艘巨轮从小艇不远处驶过，他们奋力摇着衣衫向巨轮呼喊，巨轮似乎稍有迟疑，但还是加速开走了，不愿停船救人。

9 月末的南海依然是炎热的，暴风雨过去后的海面上，烈日灼人。渴，渴，渴，喝一口水是他们最大的愿望。

他们知道人尿可以喝，于是开始“喝尿自救”，用唯一的矿泉水瓶接住自己的尿，喝尿解渴。他们满以为靠着自己的尿液能活下去，渡过难关，可怎么也没想到，第三天后，人再排出的尿液，竟然咸得像海水一样，难以下咽，“喝尿自救”的办法行不通了。幸好到第四天，老天开始下阵雨，他们重新装满了水桶。饥饿中，他们将无意中带到艇上的一本书撕开，将撕下的纸浸到水里变软后慢慢吞下。但书并不厚，大家决定一人一天只能吃一张纸。到第八天的时候，有的渔民眼睛已经不会转动了，就像死鱼的眼睛一样，似乎预示着死神正在向他们逼近。

第九天，突然有一群剥皮鲳鱼跟着小艇游了起来。这意外的发现燃起了他们生的希望。但鱼在海里，人在艇上抓不到鱼。平日里水性极好的他们，都已经饿得没有力气下海抓鱼了。那能在小艇上把鱼钓上来吗？作为渔民，他们知道剥皮鲳鱼的特点是不吃鱼饵，因此即使有钓钩它们也不可能上钩，这可怎么办？

渔民是智慧的。长年的海上经验让他们想出一个法子：把白布条放在鱼钩上，然后再绑上螺丝帽。螺丝帽的重力使鱼钩快速下沉，然后再将它快速拉起，让剥皮鲳鱼误认为白

布条是逃遁的小鱼而追逐。当剥皮鲳鱼追逐白布条奋力跳出海面时，守候在边上的两个人乘势伸手将剥皮鲳鱼拉进艇里。就这样，他们总算吃上了海里的活鱼，度过了最饥饿的时刻。

这才是人世间最美味的“刺身”。

第十天，他们发现海水的颜色不再是墨蓝色，有点浅绿，这说明离陆地不远了。

直到第十二天，他们才遇到了一艘越南的机动渔船。彼此都是打鱼人，虽然语言不通，越南渔民一看就明白了他们的处境，向他们伸出了救援之手。

原来，他们从北纬 19° 附近漂流到北纬 9° 53′。在没有淡水、没有粮食的情况下漂流了 600 海里。

因为突然遇险沉船，他们都来不及向渔政和边防报告险情。

按规定，镇上每天要和外出的渔船通一次话。因为事发突然，根本来不及和镇上报告就翻船了，所以镇上对他们遇险一无所知。因为当天没有通话记录，镇上和边防赶紧呼叫“琼·琼海 0338 号”渔船，却始终没有接到回音。发现他们失踪后，当地政府非常重视，立即请部队派出军舰和飞机搜寻，但都没有找到他们的踪迹。

谁也没有想到，他们竟然被风暴和洋流带了这么远。

就在他们失踪的第二十天下午，我国驻越南大使馆打来电话："琼·琼海 0338 号"渔船上的 6 位渔民在越南获救！

喜从天降，令 6 位渔民的家人喜极而泣！

第二章：谋变

车近琼海市潭门镇，见公路边上竖一宣传牌，上书：“休闲渔业，魅力潭门”。

也许，在多年前当地政府立这块宣传牌时，南海相对比较平静。那时还曾满心希望能发展“休闲渔业”，来增添潭门镇的魅力，以吸引更多的游客。

而今天的南海渔业、今天的南海渔民，已经难再“休闲”。

翻开潭门镇渔民祖祖辈辈传下来的《更路簿》，第二篇是《立北海各线更路相对》，其开篇写道：“自三塘往北海双峙用乾巽，至半洋潮回亥。二十六更收。”此处“三塘”是潭门人在清代以前对南沙的称呼，“半洋潮”是今天西沙的浪花礁，“双峙”则是潭门渔民去南沙作业的第一站“双子群礁”。

双子群礁被潭门渔民俗称为“奈罗峙”，在南沙群岛的最北边，过去也是潭门渔民去南沙捕鱼作业的重要补给点。而如今，双子群礁却被邻国越境占据。

目前，我国在南海断续国界线内的海域面积约为220万平方千米。（周边）各国主张的管辖权海域分别侵入了我国南海断续国界线内。于是，南海风起浪涌，渔业纠纷频发。世世代代在南海打渔的潭门镇人，不愿意失去祖辈作业的渔场。他们义无反顾地出海，既象征着我国主权的存在，也体现了我国政府对南海的实际管辖，在海天间宣示着中国渔民祖祖辈辈的生存繁衍。

除了潭门渔民的勇敢和付出以外，我们还需要切切实实的南海攻略，保证对渔民实实在在的支持和高新技术的研发投入，多管齐下来破解南海渔业的难题。

在被袭扰和扣留的日子里

1989年至2010年，在南海海域共有约750艘中国渔船、1.13万名中国渔民遭到外国船只的攻击、袭扰或扣留。

我问潭门渔民黎明、黎文兄弟："外国军舰在黄岩岛对我渔船的袭扰，对渔船作业的影响大吗？"

"当然大啊，过去国家只在西沙群岛设了禁渔期，今年将禁渔期覆盖到了黄岩岛。当然，也禁止别国的渔船进入捕捞，不让它们在中国的领海里破坏中国的法令。"

我在潭门镇中心渔港见到不少渔船在休整。有时，码头上也会传出消息：今天有两艘渔船出港。那是去南沙捕鱼的，南沙群岛尚未设立禁渔期。

渔民说，在南沙的外国渔船，数量可能比我们中国的渔船还多。"平时看不见，一遇到刮台风，他们的渔船全躲到我们的岛礁来避风了。台风面前，人道第一。你再生气也要让他们的船来避风啊，总不能看它沉在海里。"

但袭扰我国渔船的外国军舰，哪有这么讲理？

对潭门渔民来说，危险的不是海，而是海盗。

小艇在碧色的波涛中上下颠簸，站在船头的黎明却像双

脚生了根一样，一晃不晃。

浪打过来，浪花溅湿了我的相机镜头。船晃得更厉害了，他却浑然不觉，依然用慢动作脱下 T 恤，露出古铜色的上身和手臂上凸起的肌肉，再弯下腰，将潜水衣和潜水裤伸到海水中打湿，一一穿上。然后，戴上脚蹼、潜水镜和通气管。

他回首笑了笑，咬住通气管跃进了波涛中。

黎明是 1979 年生，在潭门镇出海的渔民中，他是一位专门“下洋”的渔民。

所谓“下洋”，就是潜水捕鱼。

渔民捕鱼主要有三种方式：网捕、钓捕和潜捕。网捕的效率高，但“一网打尽”式的无选择性捕捞，对海洋渔业资源的破坏甚大，况且在珊瑚起伏的礁盘海域也无法作业。潜捕不仅是选择性捕捞，而且可以将鱼活蹦乱跳地送进市场。因此，潜捕成为渔民在南海最主要的一种捕捞方式。

黎明头一次下海是 1994 年，那年他 15 岁。十五六岁，初中毕业，基本上就是当年渔家孩子告别学校出海谋生的年龄。这么多年的海上生活，让他练就了一身好水性。你若是问他：“你能潜多深？”他不用“米”来回答，而是张开双臂说：“20 个。”

“个”，才是潭门渔民表达深度的单位。

手电筒、一长一短两套潜水服、氧气管、脚蹼、潜水镜，是黎明每次出海必带的装备。他一年基本上出海 5 次，3 次去南沙、2 次去西沙和中沙，包括黄岩岛。

每年的正月十七，是渔民出海的日子。航行四天三夜之后，船到南沙。那时，海水还比较凉，潜水时要穿一长一短两套潜水服御寒，而到了四五月份，穿一套长的潜水服下水就足够保温了。

靠船上的氧气管，黎明潜一次水的时间可以长达两个小时。“南海的水清啊，在船上就能看到二三十米深的海底。天好的话，阳光能一直照到海底的珊瑚礁盘上，很耀眼。我们下海主要抓龙虾、苏眉和石头鱼。石头鱼很笨，你用手抓它，它不跑，一抓一个准。苏眉就难抓了，你一过去，它就往珊瑚礁的石头洞里躲。如果洞小，就用手电照着它；如果洞大，就要持手电游进去抓它；有时候洞很小，但是很深，你进不去又够不到，就要等在外面和它比耐心，有时会等上半个多小时。我们每条大船上都有五六个舱是专门用来养活鱼的，养鱼的舱底部有四五十个小孔，与大海相通，海水都是新鲜的，养在舱里的鱼虾就像生活在海里一样。”

渔船上竟然有“漏”的船舱，这会影响船的安全吗？

其实，这些养鱼的隔舱都在船的中部，尚不及船整体比例的十分之一，绝不会影响船的安全。

当然，海上也有交易和供给系统，有的船专司海上收购渔获，同时给渔船带去需要的蔬菜等物资。那是在2012年，龙虾的海上交易价为每斤90元，码头交易价为130～140元；苏眉的海上交易价为每斤220元，活鱼到码头的价格为每斤400元；石头鱼的海上价为75元，码头价为100元；大海鳗的海上价为10元，码头价也不过10多元，因此渔民对它兴趣不大。

大海已经是黎明生命的一部分。“每次出海，你最担心什么？”我问。

“小时候出海担心的是海风海浪，现在是海盗。”他说，“外国的海盗有枪，他们有时伪装成渔民向我们讨水喝，或者来交换大米淡水，等我们的船一靠近就跳上来打劫。虽然一般不杀人，但会把船上所有值钱的东西，包括我们的对讲机、北斗导航仪、电罗经、GPS，还有鱼、柴油、大米，统统抢走。有的海盗，甚至连我们的牙刷牙膏、背心短裤都要抢。我虽然没有被抢过，但总有点担心，出了海就要提高警

惕。边防也教过我们怎么辨别渔民和海盗：如果对方船员的着装不像渔民，就要迅速离开，千万别让他们的船靠近。外国的军舰和海盗，我们都要防。”

“9·11”，在外国监狱被关了 28 天

出乎我意料的是，在潭门，你要找个被邻国非法抓扣过的渔民太容易了，没准坐你边上的就是。

我和黄海就是这么遇见的。在潭门街头小饭馆吃饭时，他一眼就认出我是来采访渔民的，主动说：“我就被外国军人抓扣过，想听我的故事吗？”

1968 年出生的黄海被外国军人抓扣的日子是 2001 年的“9·11”。他在南沙的中业岛附近海域打鱼被扣，当时抓捕他们的外国军警蒙着脸，穿着防弹背心，带着挂榴弹发射器的 M16 步枪。一开始他们特别紧张，以为遇到了“山猫仔”（当地土话，意即“强盗”），因为南海曾发生过歹徒射杀一船中国渔民的惨案。

外国军人将渔工押上军舰，留两名士兵押着船长开船跟在他们的军舰后面。大约开行了 10 多个小时，将他们押到

了境外的一座小岛上。一星期后，又把他们转到了另外一个港口的监狱，在那里关押了 28 天。

当时被扣押的中国渔船共有 4 艘，这起事件在当地引起了轰动，当地很多华侨组织立即前去探望他们。但是华侨中以福建侨民为主，很多华侨只会讲闽南话，一位会讲普通话的华侨当起了翻译。黄海是渔民中文化程度较高的，马上通过这位华侨翻译，寄出了两封信：一封给中国大使馆，向祖国求救；另一封给家人，让父亲无论如何不要支付任何赎金。

黄海寄信的时候，有的渔民怀疑，大使馆会来管我们打鱼的吗？信寄出的第三天，大使馆就派人来监狱探望。这下渔民们的心不慌了。

这所外国监狱，条件十分简陋。监狱里一个牢房只有 15 平方米，但要住 20 个中国渔民，人挤人直接睡在水泥地板上，实在热得不行。那时白天的气温大约有近 40℃，中国渔民就开始向狱方抗议，要求改善待遇。狱方最后同意了，给监舍里安装了电扇，条件才略有好转。但中国渔民们实在吃不下监狱提供的食物。每人每天发半条小咸鱼。这鱼吃起来感觉比盐还要咸，黄海到现在也没有想明白，咸鱼不是用盐腌的吗，他们怎么能把鱼腌得比盐还要咸。更难下咽的是

一种叫“香蕉蕊”的东西，好像取自香蕉的根部，煮熟了以后尽是植物的草腥味，既没有香蕉的香味，也没有一点点蔬菜的味道，这种食物必须从小吃习惯才行。

所幸的是，在中国大使馆的努力和华侨组织的协助下，当地官员最后同意将中国渔民扣押在他们自家的船上，船上至少还有自家带来的大米可以做饭吃。

最初外方扬言要判他们6年刑，在中国大使馆的努力下，最后只能将他们释放了。重新扬帆回国的那天，船慢慢驶出了港口，黄海的心情从来都没有这么好过。

60 多位渔民坐专机回海口

在出海回来的路上，我把黄海被外国军人抓扣的故事告诉黎明父子俩。没想到，黎明说：“我也被抓过啊，还是和我爸一起被抓的呢。那是 1995 年，已经过去 20 多年了。我那时太小，已经记不清了，你还是问我爸吧。”

黎明的父亲，花甲之年的黎德民告诉我，他们是在南沙群岛的仙娥礁附近的海面被抓的，外国军人的理由也是中国的渔船“侵犯”了他们的岛礁。而黎德民告诉他们，这仙娥

礁本来就是中国的。当黎德民父子和其他渔民被押到那个港口城市时，当地的华侨商会和所在国华侨总商会都派代表来探望他们。华侨为中国渔民踊跃捐款，用捐款买了鸡蛋、蔬菜送到监狱里，由中国渔民自己做菜，因为当地监狱只向在押人员提供一碗白米饭。

中方通过外交渠道向外方交涉，要求放人。海南省委、省政府为被扣押的渔民送来营养费。款汇到当地后，当地的华侨组织强调，他们会照顾好中国渔民，当地华侨积极展开募捐，还将海南寄来的营养费退了回去。

尽管 20 多年过去了，黎德民依然记得，在中国政府的交涉下，外方最后只能放人。南航专门派了一架波音 757 专机来接回了 60 多位中国渔民。这也是黎德民黎明父子俩平生第一次坐飞机。当飞机降落在海口机场时，从省里、市里到镇里的领导都在机坪上欢迎他们归来。

“每个渔民手中拿着鲜花和两套新衣服，分别坐上了 8 辆大巴，绕行海口市区一周，然后到当时海口最好的琼苑宾馆参加欢迎大会。领导对渔民表示慰问，强调要支持渔业发展、照顾好渔民的生活。我们激动得不得了。”尽管那么多年过去了，当年的情景仿佛就在黎德民眼前。

黎明说，尽管他们人回来了，但他父亲与叔叔等人合股购买的一条渔船，却一直被外方扣留至今，所以损失还真不小。

不仅是他们，潭门的一位老船长黄宏奋在南海作业时，也曾被外国军舰抓走过好几次。对方收走了他的渔网和工具，逼迫他和船员们手抱头蹲在船上。在太阳下暴晒几个小时后，对方拿来纸笔，让他们在一份英文文件上签字，承认这片海域不是中国的领海。黄宏奋拿起笔，写下“不识字”。

回来后一交流，船员们都不约而同地在签名上各自发挥，有人索性写上“我们的领海”。“反正他们又不懂汉字。”这甚至成了渔民间的趣谈之一。

然而，渔民在国际形势复杂的南海作业，绝非上述逸闻趣事中说的那么轻松。黄宏奋有一个朋友，因为拒绝在对方的文件上签名，被打出了内伤，至今仍有后遗症。前年，黄宏奋的另一个朋友在南沙中业岛作业时，遭到外国军人的枪击，他身上负了伤，更有一枚子弹从眉前擦过，只差半厘米就没命了。“他开着百来吨的小渔船，拼了命地逃走了。”黄宏奋说的这些故事，在南海渔民中数不胜数。

南海渔业难题亟待破解

2012年我第一次去潭门，从琼海市前往潭门中心渔港，其中最让人纠结的一段路，竟然是从潭门镇中心前往码头的富港路。

富港路是潭门最重要的一条大路，但当时还有点名不副实，到处坑坑洼洼。镇里拉人的小三轮车为了绕过路面上的坑洼，不得不一会儿左行，一会儿右驾。遇到下雨天，一辆车驶过，溅起的泥水有几米高。“这么重要的渔港，怎么连条像样的路也没有？”几乎所有来潭门的人都很纳闷。

也许当年富港路折射的，正是潭门的困境。

当时，一位在潭门工作多年的干部告诉我：“我在这里工作12年了，我觉得潭门经济发展最快的，是2000年到2005年，很多渔民家都盖起了新房子。但此后这几年，潭门的变化不大。”

潭门发展的脚步缘何放慢？南海主权之争引发渔业纠纷的增多，以及南海渔业资源的退化，不能不说是两大主因。也因为南海捕鱼不安全因素在增大，海南当地政府总是希望渔民结伴去南沙捕鱼。这主要是希望渔民互相之间有个照

应，别说是遇到海盗、外国军舰的袭扰，就是一旦遇到风浪，或者发动机出个故障、有船员生病啥的，也好相互帮助。

但一位船长告诉我，渔民不能不考虑自己的经济利益。渔民出海，不是为了看海旅游，目的不就是为了打鱼挣钱养家吗？现在南沙、西沙本来鱼就比过去少了，如果几条渔船挤在一块儿打鱼，还能打到鱼吗？再说，现在出一次海的成本那么大。所以，往南沙打鱼的船，过西沙永兴岛的时候，大家还可能一起上岛报个关，和岛上的人聊聊。再扬帆启航，就只能各走各的了。当然，同是潭门镇的打鱼人，一旦海上有事，渔民之间肯定会相互照应，甚至舍命相助，渔家人的乡情和血性还在。

为了保障渔民的安全，边防部门为潭门镇所有的渔船安装了“南海 110”。潭门镇边防派出所 365 天全年无休、24 小时全天无休为渔民值班。无论渔民出海有多远，是在西沙还是南沙，只要按下对讲机的按钮，就可以和家里通话。每天上午 8 时、中午 12 时、傍晚 5 时和晚上 8 时这 4 个固定的通话时段，边防官兵将最新的气象情况向渔民通报，渔民有什么需求也可以通过“南海 110”转告。

渔民陈海波就是通过“南海 110”获悉自己儿子降生喜

讯的。

如今潭门镇的渔民还使用上了北斗导航设备。老船长陈奕传特意让儿子陈玉保拿来向我演示：不仅能显示航线、航向、经纬度，还能收发短信，就和使用手机一样方便。一旦海上有险情，能以最快的速度向我国渔政、海监和边防部门报告。

滔滔南海亟须现代渔业

2007 年，邻近某国非法越境进入我西沙作业的渔船为 900 多艘次；2008 年为 500 多艘次。每艘船的吨位在 10 ~ 20 吨之间。该国渔船在西沙群岛的捕捞已经超过我国渔民的捕捞能力。而破坏性的炸鱼、毒鱼等掠夺式作业方式，使西沙、南沙的渔业资源遭受严重破坏。

在潭门镇上开小三轮拉客的冯惠向我抱怨，潭门镇是海南最大的渔港，但鱼价怎么一个劲地涨？潭门人眼里最不值钱的灯光鱼过去只要 2 元钱一斤，如今也涨到了四五元；一种长着尖尖长嘴的当地话叫“生刀”（音近）的鱼，两三年前一斤卖五六元，如今卖到 20 ~ 25 元。

潭门镇上的鱼价贵了，原因是南海里的龙虾、海参和苏眉少了。我国南海海域 20 世纪五六十年代捕捞年产量为 200 万吨，而 2003 年达到了 400 万吨，大大超出了评估的 250 ~ 280 万吨的资源可捕量，致使资源种类减少、渔获物低龄化，这正是拖网式捕捞和定置网作业这些掠夺式捕捞方式造成的恶果。

这批评不无道理，但同时也要看到，海洋资源的减少，是全球面临的难题，并非南海独有。但如果毫无节制地扩大捕捞生产，不顾生态环境地捕光捉尽，或者放任越界的外国船只在我南沙、中沙、西沙群岛炸鱼、毒鱼和滥挖贝类，那无疑将使南海里经济价值高的种群（海参、龙虾、苏眉等）和经济价值不高的种群（蝾螺、海胆等）均受重创，南海的渔业资源和生态环境将受到更为严重的破坏。

在南海每一艘飘扬着五星红旗的渔船，都象征着我国主权的存在，我渔民的正常渔业生产有效地体现了我国在南海的实际存在，体现了我国政府对南海的实际管辖，因此政府应当加大对南海渔业的开发扶持力度。海南南海经济技术研究院院长胡卫东认为，有必要提高对渔民的柴油补贴的幅度，通过切实有效的财政扶持政策，鼓励渔民更新换代渔船，

淘汰老旧木船，提高渔民出海的安全性，降低渔民的出海成本。

此外，我们应当加快建设西南中沙渔业补给基地，发展现代渔业。由于西沙的绝大多数经济生物是海参、龙虾、海胆、蟹类等游泳能力较弱的底栖生物，以及以珊瑚礁为栖息地的岩礁型鱼类，为人工增殖放流渔业创造了得天独厚的资源条件和回捕条件，应大力发展土著经济物种的人工繁育、育苗和放流的高新技术，从而促进渔业生产活动与自然环境的和谐发展。

第三章：破局

2014年，我再去潭门，只见富港路的入口处，新立了“潭门中心渔港”的标志，路面已全程翻新，有了“富港”的气派。如此规划和基建的投入，绝不是一个小镇的实力可为，可见国家对潭门的重视。港口对岸，新建的广告牌上写着“造大船，闯大海，大力发展海洋经济”。过去的码头上，停泊的都是百吨以下的木壳渔船，而如今的码头上，已经分两排靠泊着7艘气派的大渔轮，可见“造大船”不是政府的空口许诺，而是已经见诸实实在在的行动。

潭门镇目前共有160多艘木壳渔船，其中80%是六七十吨至百吨以下的。按照国家农业部出台的措施，海南渔船的更新改造已经启动。原则上是“一艘换一艘”，渔民愿意造大船的，国家会补助船价的30%，但必须先拆旧船再造新船。除了码头上前些日子已到港的7艘近500吨的铁质渔轮，还有20来艘也已在船厂开工建造。虽然国家有补贴，但船价依然不菲，渔民愿意自己掏钱投资造

船，有的还需借款数百万元，这说明“造大船，闯大海”，是深受渔民欢迎的。

“南海功臣”获高度认同

有了这大船，西沙、中沙、南沙，这九段线里的海域渔民们都能去了，去曾母暗沙也没有问题。

正是世世代代潭门渔民闯大海，才有了今日中国的“九段线”。潭门渔民黎明曾在海上向我示范：他们的作业方式是“潜捕”，而不是撒网捕鱼。因此，他们的作业地点全部是珊瑚礁。哪里有珊瑚礁，哪里就有岩礁型鱼类，就有苏眉、青斑、红斑和黑虎斑，以及龙虾和海参。而几乎全部由珊瑚礁组成的西沙、中沙和南沙群岛，就成了他们世代耕耘的“祖海”。

可想而知，几百年前渔民出海的帆船更小，船只的抗风、抗浪能力更弱，却要远航数百千米乃至茫茫大海，这是何等的勇气和胆魄，又可见南海蕴藏了多么丰厚的海产！在没有机械动力的“风帆年代”，冬天，东北季风将潭门渔民的帆船吹向西沙、中沙和南沙；夏天，西南季风又将他们送回家乡。他们世代积累经验，给每一个环礁、暗沙、潟湖起了名字；还画出了航海线路图《更路簿》，世代传承闯海下洋的经验。每年 6 月到 11 月，台风如期而至，在没有天气预报设施的年代里，台风巨浪吞没了多少渔船和渔家的健儿！而台风过

后，躲过一劫的渔船又升起船帆继续驶向西沙、中沙、南沙的礁盘潟湖！

即使在渔耕社会，潭门渔民的生产方式与大陆或海南本岛上的农人也有天壤之别：农人秉承“男耕女织”的生产方式，自给自足；而渔民打鱼的目的却不是为了“自给自足”享用海鲜，而是为了用大海呈现的美味去“交换”家人所需的生活资料。正是有了渔民对南海的“开发和利用”，龙虾、海参等海珍品才成了南粤地区人们的顶级美食，我国的南海疆域才直抵曾母暗沙。

中科院地理科学与资源研究所研究员单之蔷认为，“潭门渔民是扩展中国版图的功臣”，“他们用劳作，把中国的版图从海南本岛一下子拓展到了南海中的曾母暗沙一带。这两者之间，是南北 1600 多千米、东西几百千米的海域。他们的功勋之大，我认为不亚于张謇通西域”。

南海渔民用一代一代人前赴后继的辛勤劳作，甚至付出巨大的生命代价，而不是用枪炮来拓展一国之版图——将渔民的功劳称之为“丰功伟业”绝不为过。

南海开发，渔业先行。

今天，潭门的新变化，是从国家最高领导层到省市地方

政府对南海的国家功臣的高度认同和应有支撑！

正是在国家政策的支持下，2014 年，40 岁的黄宏奋将自己 100 吨的木渔船换成了 500 吨的钢制渔船。

他的新船就停泊在潭门镇港口，和其余 6 艘新建的第一批 500 吨级渔船一起，整齐排列。这 7 艘大船都刚刷过新漆，在阳光下熠熠生辉，气势浩大。

黄宏奋的大船还没有完全竣工，造船厂的工人师傅正在安装舱内的水电、空调和冷库等设备。黄宏奋把我领到驾驶舱，新船的设备之先进，与旧船有今非昔比之感。这只要从驾驶台上便可见一斑：通讯、导航和气象设备一应俱全，大小按钮达上百个。带着抑制不住的自豪，船主黄宏奋熟稔地向我一一介绍每个按钮的用处。

“我这个船，长 50 米，宽 7.8 米，吃水深度 4.2 米，航速 10 节，配有活水舱和冷库。最大的遗憾是，主机的马力受到造船指标的限制，小了点，所以开得不快，满载状态下可能只能达到七八节。”黄宏奋说。

航速 10 节意味着什么？我们熟知汽车通常用“千米 / 小时”来表示速度，而海船则用“节”来表示航速。简单地说，1 节就是 1 海里，1 海里约等于 1.85 千米。

黄宏奋换了一种更形象的说法，新船从潭门中心渔港出发，花三天三夜才能抵达南沙群岛，从这点上讲，它比百来吨的木头渔船快不了多少。

身为“造大船”的先行者，“船速限制”让黄宏奋深感遗憾。此外，还有造大船的成本。算上内部装修和驾驶设备，新船的造价在700万元左右，其中，国家补贴150万元，市政府补贴30多万元。余下的钱要自己掏，他从银行贷了300来万元，分5年还清，“成本加利息，这艘大船能不能在六七年内回本，还不好说”。

尽管造大船还有着“投资风险”，但黄宏奋从没想过转行去挣“快钱”。虽然他嘴上羡慕在镇上“开海鲜酒楼的”来钱快，还没有出海的各种风险，但心里并不认同：“谁都知道卖猪肉的比养猪的要轻松，钱还挣得多，但如果人人都去卖猪肉了，谁来养猪呢？”

毕竟，黄宏奋骨子里就是个倔强的渔民。他17岁就下海，20岁时靠贷款买了第一艘船。那是一艘二手的香港船，买来时就有十几年船龄了，船上只有一台老式的GPS导航系统，没有避碰撞装置，也没有自动驾驶仪，全靠人工操作，出海时，驾驶台24小时都离不开人。

当这“老船主”40 岁时，又有了“造大船”的机遇，他最大的期待是什么呢?

“我们渔民造大船，图的就是船稳、设备先进。风浪大的时候，心里可以安定一点。原本的木渔船只能抗五六级风，现在有了大船，七八级风也不怕了。”黄宏奋为我打开手机里保存的一段视频，这是同为潭门渔民的朋友圈里分享的。视频里，一艘渔船在七八级风浪中左摇右晃，数米高的浪花凶猛地扑向船头，有好几次，渔船仿佛被巨浪吞没，又挣扎出来……

“碰到这种台风天，船就晃得要命，隔夜饭也吐出来了。一般人可能站都站不起来了，可我们晕成那个样子，还要干活。所以，船员都是很辛苦的。如果对海没有感情，怎么能坚持在这一行里呢?”

这就是潭门渔民骨子里的血性和倔强。造大船，出大海，给他们带来了新的期许和愿景。

抓大鱼，还要养大鱼

潭门街上的路灯采用船舵造型，而风情街的标志则采用

渔船和海螺装饰，令大海的气息扑面而来。街头“打造渔业风情小镇，建设美丽幸福潭门”的标牌，显示了政府对小镇产业格局升级换代的思考。

这是被大海逼的。

“海里的鱼，一年比一年少。现在打鱼，还不如抓砗磲来钱快，”渔民黎明对我说，“前几年，潭门不少渔船都不打鱼了，光抓砗磲。”

砗磲，是生长于南海和印度洋中的一种大型贝类生物，主要栖息在珊瑚礁间的浅水环境里，形如蚌蛤，壳大而厚，肉可食，体重最大可达三百多千克。潭门渔民抓捕砗磲的历史悠久，但过去主要是卖砗磲肉挣钱。前些年，由于珠宝加工业的介入，将砗磲的壳切割、打磨，或者干脆磨成粉状后再压制成各种首饰，盈利十分丰厚，商人开始从渔民那里大量收购砗磲。据说，早几年，一个 1 米左右的大砗磲贝壳只卖两三千元，而后来飙升到七八万元。在利益驱动下，不少渔民索性不捕鱼而专捕砗磲，然后卖给珠宝加工企业，这样赚钱更多。因为渔民潜捕毕竟危险又辛苦，鱼类还有死亡的损耗和冷冻的成本，而砗磲只要扔到船上拉回潭门一个都不会少。

潭门镇的富港路旁，有一段时间新开出的珠宝店鳞次栉比，气派豪华，八成以上有卖砗磲做成的项链、手链等首饰，以及工艺摆件的。据说，潭门销售砗磲首饰和工艺品的店家已有两三百家，形成的年产值已有好几个亿。

但是，作为土生土长又懂海洋渔业的潭门渔民协会党支部书记戴于岛对之前的“砗磲热”持批评态度。砗磲已作为稀有海洋生物，按不同种类分别被列入联合国的《濒危野生动植物种国际公约》附录一物种和附录二物种，其国际贸易受到管制。而列入附录一物种的库氏砗磲，更是严禁采挖以及加工销售。

当然，也有渔民会辩解说，他们捞上来的砗磲，本身就是已经死在海里的砗磲，不是活体。这对海洋生态环境有影响吗？

“当然也有影响啊，砗磲即使死了留在礁盘上，它的贝壳本来也是一种造礁物质啊。”戴于岛说。

砗磲不同于鱼类，其生长周期非常缓慢。有资料显示，砗磲一年的生长速度仅5厘米左右。要长成1米多大的砗磲，在海里可能要生长五六十年。中国科学院南海海洋研究所研究员黄晖博士告诉我，正是生长缓慢的特点，曾经阻碍了砗

磲的人工繁育。上个世纪七八十年代，澳大利亚科学家已经破解了砗磲人工繁育的密码，但由于其生长缓慢，难以进行商业性开发。海南有关高校、科研机构也在研究这一课题，亟待“破冰”。

当地有关部门已经认识到砗磲不可成为潭门经济发展的支柱，因此将“渔业风情小镇”作为潭门未来发展的主要选项。2016年底，海南省第五届人大常委会通过了《海南省珊瑚礁和砗磲保护规定》，从2017年元旦起，全面禁止海南岛出售、购买、利用砗磲及其制品。

在这样的背景下，许多创业者开始在潭门投资渔家餐饮和旅游业。其实，潭门是最有条件做体验式渔家休闲旅游的，游客甚至可以和渔民一起出海。但这是个系统工程，难以一蹴而就。

靠海吃海，潭门的核心还是渔业，捕捞和养殖相结合，是潭门渔业发展的方向，已经有渔民在永兴岛附近建了深海网箱养殖基地，养殖了龙虾、马鲛鱼、金枪鱼等多个品种的海产品，但西沙一带台风比较多，要推广的话还是有难度，而纬度比较低的南沙几乎没有台风，这应该是发展岩礁型经济鱼类养殖的好地方。

如今，潭门渔民“造大船，闯大海”，这为他们将来闯荡南沙创造了更好的条件。也许，在不远的将来，他们不仅“抓大鱼”，而且要在南沙“养大鱼”，实现人与大海、人与岛礁、人与海洋生物的和谐相处和可持续发展。

珊瑚砗磲，“海洋热带雨林”更斑斓

西沙洲是七连屿最靠近三亚的环礁。飞机驾驶舱门没有关，飞越北礁10分钟后，坐在右驾驶座的机长扭过头来，向后舱的我竖了竖拇指——这是我们事先约定的暗号：七连屿就要到了！

飞机很快降到300米高，我拉下后舱舷窗上的两个销子，打开舷窗。这是从未有过的体验：空中的强风如此锐利有力，让人顿时意识到空气坚硬的密度。但窗外的景色绝对震撼，足以令人忘怀一切：碧蓝的南海上，先是一圈白色的浪花，这是海浪在拍击礁盘；然后是一个浅褐色的巨大的环礁，环礁护卫着一个翡翠般的潟湖；而这翡翠中央，竟然还镶嵌着一个银色的圆盘！

要不是亲眼所见，真难以相信大自然有如此神工杰作，远超出人类可以想象的瑰丽。

我国的西沙群岛，除了已经与永兴岛连成一体的石岛之外，其他几乎所有的岛都是珊瑚礁堆积而成的。中国科学院南海海洋研究所研究员黄晖告诉我说，这银色的圆盘，就是无数个珊瑚汇聚成珊瑚礁后，历经千百万年堆积而成的。

南海不仅是中国最美丽的海，也是大自然最神秘的海之一。在这蓝色的波涛之下，藏着多少未知的生命和美妙的故事啊！

为揭开南海这美丽的神秘，中科院南海研究所已经在南海从事了50多年的研究。上个世纪70年代中期，中科院南海研究所的科学家就登上了西沙群岛。1978年，南海所的科学家还登上中沙群岛的黄岩岛，代表国家进行科学考察。

“我们是中国的海洋科学工作者，南海就是我们的岗位。”曾任南海所副所长、热带海洋环境国家重点实验室主任，现任中山大学海洋科学学院院长的王东晓对我说，“海洋科学家要做研究就必须到南海去，到岛礁上去。不仅必须到大海上去，甚至还要潜水潜到海底去。否则，我们还叫什么海洋科学家？”

这样的话，你听一遍，就会铭记于心。

我有幸在南海结识了这样一批献身南海的海洋科学家，让我们记住他们对南海的热爱，记住他们为揭开南海奥秘进行的探索，记住他们风浪前决不退缩的勇气，以及他们为更加美好的南海所做的一切吧！

我国珊瑚礁分布在北纬 20.5° 以南热带海域

南海是中国最美的海，但如果一位潜水爱好者 5 年前去海南潜水，他有可能会失望：清澈的海水之下，原本生活在海底的珊瑚、砗磲，踪影难觅了。

其实，这种情况并非海南附近海域独有。20 多年来，由于海洋自身环境的复杂变化和人类活动的影响，全球砗磲和珊瑚等岛礁生物资源受到较为严重的破坏。世界自然保护联盟已将砗磲全部的种类都列入《世界自然保护联盟濒危物种红色名录》，我国《重点保护野生动物名录》也将库氏砗磲列为国家一级保护动物。

就是在这样的大背景下，当我在西沙群岛永兴岛上的中科院南海所西沙海洋科学综合实验站里，看到“西沙群岛珊瑚礁生态恢复与特色生物资源增殖利用关键技术与示范，国家科技支撑计划项目（2009BAB44B00，2010-2012）”展板时，展板上的这一行字吸引了我的注意。

“我们过去在西沙从事的科学研究活动，一般都叫‘科学考察’、‘科学调查’项目，而这次性质是完全不同的，是首次采用实验生物学和实验生态学的方式来进行技术创

新的项目。就是不仅要发现问题，还要拿出解决问题的技术方案的项目。”该项目的一位负责人胡超群研究员说，“这也是国家科技部在西沙群岛定的第一个科技创新项目。”

出乎我意料的是，该项目的另一位负责人、研究员黄晖是位女博士。长年在海上与风浪打交道的她，确实真有一份“豪情”。

“要到南海来当科学家，就要从潜水学起！”她对我说。

“你也会潜水吗？”这我真的没有想到。

“当然会啦，潜水，是海洋科学家的必修课。我们组的每个人都会潜水。”25 年前，黄晖就学会了潜水。她自嘲地说：“不过每次潜水，人家小青年下去十多米了，我还在一米多深的海里扑腾，我的耳咽管就是通不了气。”

众人大笑。擅长潜水的博士张浴阳告诉我，潜水时人耳的鼓膜会承受水深引起的压力，这时就要通过鼓气来打开鼻咽管，从而减轻海水对鼓膜的压力。一般下潜四五米时，要鼓气打通一次；再下潜到 10 米水深时，再鼓气打通一次；如果下潜到 20 米，那就还要再打通一次。潜水，绝不是我们在电影里看到的只要“背上氧气瓶往海里一跳”那么简单。

黄晖课题组的具体研究内容是“珊瑚礁三维结构生态修

复与造礁生物增殖技术”、“珊瑚礁病敌害防控关键技术”和“珊瑚礁生态增殖恢复技术集成与应用示范”。通俗地说，就是通过人造珊瑚礁，来重建珊瑚礁的活力和生态系统。难怪他们将潜水看成南海科研的必修课和基本功。

为什么国家要把珊瑚礁的资源增殖和修复放在这么重要的位置？

现代世界的珊瑚礁，主要分布于印度洋－太平洋区的南北纬 30° 范围。一般认为，年最低月平均水温 18℃为珊瑚礁分布的界限，低于此温度就无法形成珊瑚礁。但我国沿岸的现代珊瑚礁只分布到北纬 20° 的雷州半岛，不成礁的石珊瑚群落也只分布到北纬 24° 的福建东山岛而到不了北纬 30° 的浙江沿海。这是因为影响我国最主要的一支热带暖流“黑潮”，由于台湾岛和硫球群岛的阻挡，往北拐向日本群岛，没有到达我国东部沿岸海域，以致我国的现代珊瑚礁仅仅分布在北纬 20.5° 以南的西沙、南沙等热带海域。

黄晖研究员告诉我，珊瑚和珊瑚礁不是同一个概念。珊瑚是腔肠动物的一类，而由珊瑚死后堆积而成、活的珊瑚又生活其上的珊瑚礁则是一个“地质概念”。珊瑚还可以分成有造礁功能的“石珊瑚”和没有硬骨骼的“软珊瑚”。过去

认为“软珊瑚”不会造礁，现在科学家发现它也参与造礁。造礁石珊瑚具有巨大的生态价值，科学家将珊瑚礁称为蓝色海洋中的“热带雨林”，因为在珊瑚礁里，许许多多的生物在礁环境中共同组成了独特的“珊瑚礁生态系统”，珊瑚礁为喜礁生物——海参、龙虾、贝类，以及石头鱼、苏眉、青衣等许多鱼类提供了栖息、附着、繁衍或庇护的场所。曾有科学家断言：全世界至少有 5 亿人的生活直接依赖珊瑚礁，其生态价值和民生意义巨大。

全世界造礁石珊瑚有 700 到 1000 种，我国的造礁石珊瑚共有约 300 种，其中西沙就有 204 种。在陆地上，只有植物才能进行光合作用；而在大海里，造礁石珊瑚是一类能进行光合作用的动物。但全球的珊瑚礁正面临着前所未有的破坏和威胁，由全世界 372 位科学家共同完成的《2008 年世界珊瑚礁现状报告》指出，全球有 19% 的珊瑚礁被破坏或完全丧失其功能，另有 15% 在未来的 10 到 20 年中有损失殆尽的危险。在我国南海，由于全球气候转暖、海水受污染后的富营养化、人类的破坏性捕捞和对环境的破坏，也使我国南海的珊瑚礁受到不同程度的损毁，有不少地方被破坏的程度相当严重。

南海水下的硬体珊瑚、软体珊瑚和砗磲，构成了生物多样性极为丰富的“海底热带雨林”。 郑 蔚 摄

中科院南海研究所海洋生物专家培育出了无磷砗磲。　　南海研究所 供图

南海研究所的专家潜入海底，在水下培育砗磲稚贝和珊瑚幼苗。

南海研究所 供图

南海的夕阳点燃了永兴岛码头的灯桩。　郑　蔚　摄

人造珊瑚礁挽救海中“热带雨林”

多年来，黄晖的团队长年出没在南海上。

珊瑚通常具备无性繁殖和有性繁殖两种功能。针对其无性繁殖的特点，该项目组准备了人工预制礁体。人工礁体为钢筋混凝土结构，大的有如圆桌，小的至少也有脸盆这么大，这样才能达到抗风浪的要求。他们选择合适的地点，将人工礁体放在海底的珊瑚礁上，然后将切成手指一般大小的珊瑚枝粘在人工礁体上，珊瑚枝便会在人工礁体上成活生长。

如果原来的珊瑚礁已经死亡，他们就采用另一种方式：事先焊接好一个铁架子，再将铁架子固定在海底的珊瑚礁上。如不加固定，铁架子就会被南海的台风巨浪卷走。

于是项目组的科学家必须下海打锤，将铁架子钉在珊瑚礁上。水性上佳的张浴阳体会到了“海底打锤”的难度：得扛着大约 7 千克的榔头潜水。钉铁架的铁钉有 40 厘米长、1.8 厘米粗。海底打锤可和陆上打锤不一样，你对着铁钉挥锤砸下，一个浪涌过来，人和大锤都被浪掀到一边。更何况，海底打锤不可能一人打锤一人掌钎，全是单人作业。张浴阳慢慢摸索出了规律：刚开始钉钉时，锤子砸的幅度只能小而频

率高，待铁钉基本固定了，才下大力气砸。

遇上坚硬的珊瑚礁，有时候在海底打一个铁钉就要花上一小时。一瓶氧气平时潜水时可使用一个半小时，遇上“海底打锤”这样的力气活，20 分钟就消耗殆尽了，可见体力消耗之大。

钉好铁架后，他们还要潜下海底，将准备好的珊瑚小断枝用塑料绳绑扎在铁架上，让其生长。有时铁架上还要铺好塑料网片，以培育块状的珊瑚品种。

即便如此精心，仍不能保证铁架不受风浪破坏。2010 年夏天，一场台风正面袭击永兴岛，他们固定在永兴岛周围水域海底的多个铁架子被台风巨浪打散、刮跑。张浴阳潜到 10 米深的海底一看，就连 40 厘米长的铁钉也被连根拔起，可见台风和巨浪的力量。

于是他们必须在茫茫大海上将铁架子找回来，重新焊好、钉在珊瑚礁上。

鹿角珊瑚是造礁珊瑚的一种，其生长速度快于其他珊瑚。珊瑚礁的生长速度一般为一年长 1 厘米；而鹿角珊瑚一年可以长 5 到 10 厘米，而且其枝角上有很多缝隙，可为多种鱼类提供有效庇护。针对鹿角珊瑚还可以有性繁殖的特

点，每年科学家们都要在其进行排卵的春季三四月间，到海上收集其排出的珊瑚卵，然后在实验室中加以培养。

这既是智力活也是体力活。鹿角珊瑚排卵时间一般在子夜前后，而海洋科学家一般晚上六七点钟就要潜水下去，提前观察其排卵迹象。当少部分粉红色的卵子排出体外后，会吸引海中的小鱼前来啄食。这时候，科学家就要在海底细心观察，但也不能一直使用潜水手电，因为手电光照射会干扰鹿角珊瑚正常的生理进程，这时候，海洋科学家的经验和感觉就非常重要。

“鹿角珊瑚排卵时，会一下子排出上百万个卵子，同时漂浮在海面上，非常壮观。”张浴阳说。这时，他们就赶紧用网眼比蚊帐还要细密的抄网将卵子捞起，然后放进船上已经准备好的海水桶里。这些卵子被送进实验站建在永兴岛上的养殖场进行培育。而飘散在海上的卵子，将在海中自然发育，成为“浮浪幼虫”。它们或将随着海流附着在珊瑚礁上悄悄生长，或成为海中其他生物的美食。

功夫不负有心人。中科院海洋生物资源可持续利用重点实验室的科学家们已经在西沙海域投放了 400 多个用以附着珊瑚的铁架子，以及 1500 多个水泥预制件礁体。在他们的

精心养护下，最早放下去的 5 厘米大小的珊瑚小枝，如今已生长到 13 厘米大小，并开始出现分叉，成为活的小个体。

而在养殖场养育的珊瑚受精卵，待其长大成“浮浪幼虫”后，将人工放流回南海，使其得到更大的存活概率。

从 2012 年起，该实验室的科学家又以新的方式种珊瑚，迄今为止种下的珊瑚已经从 7 ~ 10 厘米长到 30 ~ 40 厘米大小了。

黄晖认为，该实验项目中活体珊瑚生长发育良好，可以认为是成功实现了生物资源的人工增殖。

很多专家予以肯定：这一技术达到了国际先进水平。

但胡超强和黄晖等科学家认为，人工珊瑚礁的投放虽然取得了初步成功，为珊瑚礁重获生命和活力探索了一条新路，但如果不能有效扼制破坏性捕捞以及人为的破坏，南海珊瑚礁的保护依然“情况危急”。

“在国家重点野生动物保护名录里，珊瑚和砗磲都是严禁买卖的，但为什么有的旅游景点仍有人在偷偷卖珊瑚、砗磲做成的工艺品呢？”

他们建议说：“应该在西南中沙有选择地建立珊瑚礁自然保护区！”

我国禁捕砗磲，但在别国还是“高档食材”

“如今，国内砗磲人工繁育的难题已被我们攻破，南海所这一技术已达到国际领先水平。”说起砗磲的人工繁育，南海所喻子牛研究员自豪地说，“这些年我们已在南海放流了约 5 万只砗磲稚贝，目前它们大多数生长良好。”他们的研究成果，不久前获国家有关部门肯定。

站在三亚鹿回头景区附近的中科院南海所实验基站翘首远望，只见成片成片的白云在碧海蓝天间疾走。

实验站的繁育基地就建在海边，2021 年 10 月初的一场台风刚走，中科院南海所砗磲繁育团队就匆匆赶来了，他们要为 10 月下旬南海放流约 5000 只砗磲稚贝做准备。

向志明、张跃环和李军，南海所喻子牛团队三位年轻的副研究员，每次出海前都要在三亚做大量的准备工作。一次出海就要十几天甚至几十天时间，因此准备工作必须细致而周密，船上暂养砗磲用的水槽，出海放流用的网笼、钢钎、水泥板，还有海上航程必需的食物和饮用水，等等，一应俱全。而负责放流及潜水工作的副研究员向志明，则仔细地将潜水装备，从每个人的面镜到脚蹼、氧气瓶，一一清点就位。

有点出人意料的是，张跃环、李军正在用卡尺测量着每只砗磲稚贝的长宽高等数据，并一一记录在电脑里。

“放流之前，每只砗磲都要测量，记录下它的初始数据，这是为了将来和它的生长情况进行比对。”张跃环认真地说，“当然，这还是一个挑选稚贝的过程。凡是生长状况不健康的稚贝是不能用于放流的。”

张跃环介绍说：“这次放流的大多是番红砗磲。它是我们南海最小的砗磲种类，现在大小 5 厘米左右，已经人工养殖了 1 年多，可以出海谋生了，这种砗磲最大可以长到 10 ~ 12 厘米。”

世界上的砗磲科物种主要分布在从非洲东海岸、印度洋到西太平洋的热带海域。我国的砗磲主要分布在南海，尤以三沙为主。我请教道：“在我国的东海和黄渤海，砗磲能生长吗？”

“不能，”张跃环肯定地答，“我国海域内的砗磲都生长在海南文昌以南的热带和亚热带珊瑚礁区。”

珊瑚岛礁是海洋生态系统的重要组成部分，是区域特色海洋和渔业生物资源及其多样性的保障。但长久以来，太平洋及南海周边国家渔民打捞食用包括砗磲在内的贝类生物，

还有的国家甚至将砗磲作为高档的刺身食材，令砗磲资源遭到严重破坏。本世纪以来，由于逐利的冲动，海南一些企业热衷捕捞砗磲将其外壳加工成工艺品出售。为保护和恢复南海的海洋生态环境，从2017年元旦起，海南已全面禁止出售、购买、利用砗磲及其制品。

我国南海还有多少种砗磲呢？从分类来说，我国海域的砗磲科主要有8种，其中砗磲属有6种，砗蚝属2种。个头最小的是番红砗磲，但它的颜色却在一众砗磲中最为艳丽；长砗磲和诺瓦砗磲大约20 ~ 30厘米大，长砗磲身材较长，长度是宽度的3倍，外套膜的颜色是漂亮的蓝色，而诺瓦砗磲外套膜为棕色蛇纹；鳞砗磲在砗磲中是可以长到40 ~ 60厘米的“中等个”，在整个贝壳上有数列大鳞片，成为小虾、贝类和其他无脊椎生物流连的“栖息地”，它的贝壳经常大部分埋入、倚靠在珊瑚礁石内，露出红褐色的外套膜，明艳异常。而最大型的砗磲为库氏砗磲和无鳞砗磲，其中库氏砗磲最大可以生长到130厘米长，体重可达200 ~ 300千克。

“《西游记》里夹住猪八戒腿的大贝壳，大概它的生物原型就是库氏砗磲吧！”李军笑着说，“还有两种砗蚝，它们的特点是外套膜无法伸展出贝壳外，比较‘胖’，在一些太平

洋岛国的民间都有捕食砗蚝的习俗。”

“现在除了库氏砗磲亲本较少的缘故外，其他7种砗磲、砗蚝我们都已繁育成功。”李军说。

“说实话，在我刚接受砗磲繁育研发任务时，心情并不轻松。因为在我们之前，20多年来，已有不少国内同行尝试过研究砗磲的人工繁育，却一直没能成功。我们能不能成功？什么时候可以成功？我其实心里没有底。”科研团队出海前，赶到三亚的喻子牛教授对我说，“但我很清楚，我们必须完成好这个任务。严格地说，这不是任务，是使命，因为这个科研项目对南海砗磲资源恢复和生态环境保护来说非常重要。”

此刻，李军、张跃环、向志明等正忙着将一块块水泥板和一个个网笼搬上船。每块水泥板长80厘米、宽40厘米，有几十斤重呢。

由于喜爱游泳和海洋，喻子牛显得分外年轻，活力满满。要不是知道他的履历，怎么也不能相信这位曾和我约在晚上11点半采访，然后一说就是1个多小时的教授，已年近花甲。1986年，他来到青岛的中国海洋大学水产学院工作，这是他第一次看到大海，却一下子就爱上了，从此走上了研究海

洋生物学的道路。

2000 年，喻子牛去澳大利亚汤斯维尔市参加国际水产遗传学学术会议，会后专程去了大堡礁。“我还是第一次亲眼看到生长在珊瑚礁上活的库氏砗磲，它有 1 米多长，那伸展在贝壳外面的外套膜映射着太阳的七彩光芒，格外绚烂夺目，让我非常震撼。”

砗磲之美，从此深深刻进了喻子牛的脑海。砗磲贝壳大而厚，是珊瑚岛礁的构成物种，具有良好的造礁护礁功能。如果说珊瑚是珊瑚礁的“水泥”，那砗磲就是珊瑚礁的“钢筋”，一个健康的珊瑚礁生态系统，砗磲生物量占 60% 左右。很难想象一个没有砗磲的珊瑚礁盘是生机盎然的。所以虽然没有立项，没有相关科研经费，但他们丝毫不放弃，从 2009 年起，就做了大量的预研工作。

喻子牛教授在 2015 年参与南海生态保护、开展砗磲繁育工作之前，就组织学科组成员查阅了国内外大量资料。加上之前学科组就有做过牡蛎、蛤仔、扇贝等贝类繁育的研究，实际上已积累了一定的相关经验。2016 年、2017 年，学科组又邀请了新加坡和澳大利亚的专家来做砗磲繁育增殖学术交流。

“这就是‘海洋热带雨林’的样子！”

经过充分而深入的预研，喻子牛将其列为砗磲繁育能取得成功的经验之一。但即便如此，他们面临的挑战依然是严峻的。比如，虽然知道了砗磲是雌雄同体的生物，但南海的砗磲究竟何时排精排卵，没人准确知道。

研究团队在2016年的4月到6月，一天24小时排着班轮流“蹲守”。有一次，通宵值班的人员到下半夜实在憋不住打了个盹，结果又错过了，后悔莫及！此后，再没有人敢打盹了。

终于在一个农历初一的晚上，他们观察到了：它就像雾一样从砗磲的出水口喷射出来，大概有几亿个精子，像间歇泉一样一阵又一阵。间隔30分钟左右，砗磲神奇地完成了自身的雌雄转换，又一阵接一阵间歇性地喷吐出雾一般的卵子，总量也有上亿个。大自然就是这么不可思议，砗磲在大海中受孕概率如此之低，就以几亿精子寻找几亿卵子的超大数量来完成物种的繁衍和代际传递。

但如果以为将几亿个精子和几亿个卵子放在一起，它们就会自动配对成功，那可就大错特错了。首先，这会造成砗

磲的“自体受精”，使受精卵的活力和抗病能力大为降低，存活率很低；其次，科研人员在显微镜下发现，一个砗磲卵子里会同时钻入上百个精子，卵子因此无法完成受精。

于是，他们首先为砗磲创造独特的排精排卵和受精环境，严密观察各个砗磲精、卵排放过程，仔细检查记录，将排出的精子和卵子分别收集、保存在不同的水槽中，再让不同个体砗磲的精卵按 50 ∶ 1 的比例进行“异体受精”，成功实现了砗磲精卵的受精孵化！

砗磲还有一个陆生动物少有的特征：初始的幼虫在海水中浮游飘荡，随波逐流，呈浮游生物状态；待受精发育七八天之后，幼虫开始向底栖动物生活方式转变。从那天起，它开始摄入虫黄藻。第一次，吃 2 ~ 3 个虫黄藻，消化腺就开始逐渐消退；几天后，它摄入 20 多个虫黄藻，胃就完全退化消失了。通过体视显微镜发现，砗磲幼贝体内建立起了完整的虫黄藻体系。砗磲把虫黄藻输送到外套膜，虫黄藻在其间生存繁殖，并向砗磲提供它需要的养分，两者形成共存共生关系。之后砗磲就实现了从浮游生物到底栖生物的“变态”，它不再随着海流飘游，而是渐渐从底部生长出足丝，附着在礁盘上。于是，砗磲只需要阳光就能在水下进行光合

作用，一辈子不需要再吃别的食物了，成为“自养性生物”。

但自然的神秘之门绝不会轻易打开。刚开始，在第 7 天喂食虫黄藻时，砗磲幼虫却死了。不是所有的文献都说砗磲是与虫黄藻共生的吗？怎么砗磲幼虫反而死了？他们通过研究发现，在喂食虫黄藻之前 3 天，要先少量喂食同是单细胞藻类的金藻，就像人类幼儿的“开口饭”，在正式食用米饭前，必须先适应半流质的“奶糊”。“这是关键点之一。”喻子牛强调说。

“在自然界，砗磲幼虫成功获得虫黄藻并建立共生关系的几率很低。一般来说，上亿量级的受精卵中可能只有不到万分之一左右；所以，人工繁育就需要大幅提升这个比例，否则就没有实际价值。可以说，幼虫变态率低是世界上砗磲繁育的难题之一。国际同行之前的成功率仅为 1%，而我们通过攻关，建立了专利技术，大幅提高了成功率，将它提高到 30% 左右，打破了人工繁育中砗磲幼虫变态率低的技术瓶颈。”喻子牛说。

当 2021 年 19 号台风“南川”向东北方向渐行渐远，远离我国大陆时，喻子牛团队成员乘着砗磲稚贝放流作业船出发了。

船一驶出三亚港，无数白色的海鸥就汇拢过来，围着船上下翻飞，为海天之间增添了灵动的生趣。

船行一夜之后，抵达了西沙群岛永兴岛附近的海域，一批砗磲稚贝将在七连屿的珊瑚礁上安家。科研人员是怎么为砗磲在南海选择新家的呢？

“为砗磲选‘家’非常重要，”喻子牛说，“砗磲在大海里是依靠光合作用生长的，它一旦在珊瑚礁上选定一个落脚点，除非特殊情况，可以一生不再移动。所以这个‘家’既不能水太深，也不能水太浅。太深了，光照量太低，砗磲的光合作用难以进行；太浅了，海面的波浪、台风等会让它难以‘安居乐业’。所以我们通常选择水深约海面下 10 ~ 15 米的背风区礁盘放养砗磲稚贝。这个深度，通常是无浪区，台风来袭，海浪也不致将砗磲卷走。”

作业船在预定放流的礁盘外百米处停住，穿戴潜水装置的向志明、李军等相继入水。船上的工作人员将水泥板、网笼等陆续放入海中。利用海水的浮力，向志明等人将它们依次搬运到珊瑚礁盘上。他们先轮流打锤，用 4 根钢钎固定一个网笼，再放进水泥板，这就是砗磲的新家。随后，在每个新家里安放 6 ~ 10 枚砗磲稚贝，再盖上网笼盖，用带子扎

牢。最后一个动作是用水下 GPS 记录下每个网笼的经纬度，以便下次巡护。

为什么要把砗磲的家安在网笼里？“我们最初放流时，也没有做网笼，砗磲稚贝就直接放在水泥板或珊瑚礁上，结果没多久我们去巡视时发现，不少砗磲稚贝的壳被咬碎了。原来很多岩礁性鱼类有锋利的牙齿和很强的咬合力，把稚贝吃了。我们都很伤心啊！要知道，走到砗磲放流这一步，多不容易啊！”喻子牛说。

之前，当砗磲幼体完成“变态”后，忽然被海水中疯长的丝状藻缠绕上了，砗磲双壳打不开，光合作用被阻，不少砗磲幼贝死了。研发团队费了好大功夫，在多次手工清除藻类后，才找到了用丝状藻的天敌马蹄螺和海兔灭杀的办法。没想到，才解决了丝状藻的问题，突然有一天，养殖桶里的砗磲幼贝又大量死亡，这可急坏了整个团队。经过研究发现，原来是三亚夏天的阳光太过强烈，于是在繁育区里拉上了遮光天棚。更没想到的是，2017 年冬天，三亚气温骤降至 17℃，大批砗磲幼贝冻死了，于是赶紧采取保温措施。能把砗磲从幼虫养到 5 厘米大小的稚贝，科研团队克服了一个又一个意想不到的拦路虎！

绝不能让放流大海的砗磲稚贝功亏一篑！网笼养殖的办法由此诞生。虽然这让放流的成本增加了，给团队也增添了不少工作量，但砗磲稚贝放流的成功率提高到60%左右！

放网笼就要打钢钎，水下打钢钎真是力气活，铁锤重10千克，没法像陆地打钢钎一样一人打一人扶，只能自己打自己扶。

“会不会打到自己的手？”我问团队公认潜水最拿手的向志明。

“那是绝对的，海流对锤子会有扰动作用，我都要打到手上。相对打锤来说，还是潜水本身的风险大，我们都是到了南海所为项目才学会潜水的，就连喻老师都可以潜下去30多米。可大家潜得越深，我的安全责任就越大。”他说。

从早晨5点到下午1点，第一天紧张的放流作业终于完成了。返程途中，船老大开饭了，有石头蟹、琵琶虾、老虎斑、大龙头……这些南海特有的海鲜，内地人很少见到，但科考队员都很淡定，他们知道在接下来的日子里，他们会天天吃这些，很快就会盼着吃上一碗小青菜。

作业船没有回港，却驶向远处的礁盘，这是去巡护5月份放流的那些网笼里的砗磲。

当向志明再次从海水里冒出头来，比出“V”字形的手势，船上众人才放心。

2021 年，团队已经成功培育出 50 多万个鳞砗磲幼贝，相对于国际上每年砗磲苗种交易总量 15 万个而言，他们培育苗种的水平及其数量均处于国际领先水平。这些幼贝，在经过 1 ~ 2 年的培育后，就有望重归南海，为南海水下的“海洋热带雨林”提供百万级的斑斓砗磲。在海底看到砗磲展开的美丽的外套膜，那就是南海水下的“海洋热带雨林”的样子！作为海洋生物科研人员，他们感到由衷的自豪和高兴。

糙刺参、花刺参，鼓励渔民转产致富

如果说珊瑚礁的科研事关整个南海的生态安全，胡超群研究员进行的人工养殖海参项目，还直接关乎民生。

西沙海域不仅有中国渔民从事捕捞，周边几个邻国的渔民也在擅自捕捞。外来渔民炸鱼、毒鱼的情况很严重，令我国南海的渔业资源受到严重破坏。炸鱼毒鱼会直接危害珊瑚礁，活体珊瑚死亡后，礁岩性的鱼虾就无处安家，珊瑚礁就会荒漠化，最终在风浪拍打下礁盘会坍塌垮掉。

过去一个海南渔民出海一次可以带回 600 斤干海参，按照 30 斤鲜海参可晒成 1 斤干海参的比例，这个渔民至少一次可捕到 1.8 万斤鲜海参。现在，已经没有一个渔民能有这么大的渔获了。于是，过去渔民不屑于捕捞的低经济价值的海产品，也遭到了围捕。如果不引导渔民转变生产方式，就会陷入可怕的恶性循环：越捕越少，越少越滥捕。

海参是非常典型的高经济价值海产品。我国共有 154 种海参，其中可食用的为 21 种，只有一种在辽宁，为“仿刺参”，是海参中的冷水性种。而西沙有 20 种可食用海参，均为热带性海参，水温 21 ~ 22℃时开始生长，25 ~ 30℃时生长最快。可惜的是，前些年的南海科考中，有多种可食用海参已不见了踪影。

胡超群研究员决定从海参和贝类的人工养殖着手。因为这两类为喜礁性海产品，人工养殖后易于回捕，可让渔民致富。

经过努力，他们在西沙群岛的永兴岛上建立了我国首个热带海参人工繁育与增殖试验基地。试验采用彩钢板房和移动式海水养殖系统，可开展热带海参和法螺等特色资源生物培育、珊瑚对抗其天敌长棘海星，及病害控制等试验工作。

该科研基地经受住了2010年14级强台风的吹袭，完好无损。

他们建立了世界领先的良种热带名贵刺参[①]的人工繁殖技术，首次在西沙群岛获得热带经济海参的人工繁殖、幼体培育和人工育苗成功，筛选出了适合其早期幼体食用的浮游单胞藻类及底栖藻类；建立了该刺参的人工催产、幼体发育及幼体培育技术，人工繁育出参苗10.2万多头，并在永兴岛两个试验海区和赵述岛示范海区成功进行了增殖放流，生长状况良好。还建立了非盐渍的热带刺参加工新技术，获得了营养保留全面和口感极佳的产品。

但将这一高新技术转化为生产力，仍需要政府出台政策支持，以及有实力的企业介入投资。“渔民在珊瑚礁上养殖海参，就像在湖塘里养大闸蟹一样，要政府给渔民发水域许可证，否则谁都可以来捕捞，渔民怎么养殖？再说，渔民虽然有海上生产生活的经验，但资金实力和融资能力都有限，因此需要有远见的企业家来带动渔民转产致富。”胡超群说。

在南海从事鱼类人工养殖科研攻关的，还有中国水产科学研究院南海水产研究所的专家。带领“深远海养殖技术与

① 这里指花刺参和糙刺参。花刺参俗称“黄肉参”、“白刺参”、“方参”等。

品种开发创新团队”的专家是研究员马振华，他告诉我，从2021年开始，他们开展了“金枪鱼人工养殖计划”。

在我的印象中，金枪鱼好像一直生活在挪威瑞典等北欧国家附近的水域，在南海怎么养殖呢？

这“印象”肯定错了。马振华说，金枪鱼族共有5属15种，属大洋暖水性洄游鱼类，遍布热带和亚热带海域，主要生活于中低纬度的海区，分布于南北纬45°之间的太平洋、大西洋和印度洋，只有少数种类的金枪鱼才会在特定季节进入较为凉爽的温带水域。金枪鱼平时生活在海洋的中上层，喜食海洋中表层的鱼类。它的游速很快，最快可以达到每小时75千米，比一般的军舰轮船都要快得多。不同种类的金枪鱼体形大小差别很大，大西洋中最大的金枪鱼是蓝鳍金枪鱼，最长有4.6米，重达684千克，最小的金枪鱼是圆舵鲣，只有50厘米长，重1.8千克。金枪鱼是世界上最具商业价值的鱼类之一。

我国多年前就突破了人工繁育黄鱼的技术。但人工繁育具有很高经济价值的金枪鱼的技术却尚未突破。对这一挑战，我国的水产科学家始终没有放弃努力，马振华率领的科研团队就将此作为攻坚克难的目标。

金枪鱼原本生活在大洋里，要实现人工繁育养殖，首先要解决如何在大洋里实现对野生幼鱼的诱捕，以及诱捕后的活体运输，运回大陆再进行人工繁育养殖的难题。

经过一年多的努力，马振华团队构建了南海金枪鱼野生幼鱼陆基循环水驯化养殖技术体系及配套工艺，还选定在海南陵水黎族自治县、三亚市、三沙市和东南亚国家文莱，采用深水网箱养殖和养殖工船的方式，开展金枪鱼全周期（3.5 ~ 4 年）的人工养殖试验，开发金枪鱼人工养殖专用饲料，最终实现养成一批能达到性成熟标准的黄鳍金枪鱼。

看来，我们中国水产科学家和渔民自己养殖的金枪鱼“游”上餐桌的日子也不太远啦！

我还有两件印象深刻的事，不能遗漏：一是曾任中科院南海所副所长的王东晓说的：有一次，他带队出海，发现前一波台风将他们记录海况的浮标卷走，巨浪将粗粗的有 47 米长、好几吨重的铁链拉断。眼看下一波台风正在压过来，有的人说“赶紧撤”，但科学家向荣站在船甲板上，实在舍不得扔掉浮标，因为浮标上记录了南海一年的水文数据，实在太珍贵。在他的感召下，一船人终于齐心协力将浮标抢了回来。回港的路上，追上来的台风把船上化学实验室里所有

的玻璃器皿打得粉碎。

还有一件事是黄晖说的：有一次在海上做实验，遇上了大风浪，人吐得实在不行。她一转念：船上晃得受不了，索性跳到海里去吧。她穿上潜水服，跳进了大海。哪想到，海里的涌浪更厉害，她晕得只能拔下氧气管，“哇”地又在海里吐了，引得一群小鱼前来抢食。

我为他们的精神所深深感动。虽然不敢说他们有多么伟大，但相信他们至少是中国最好的科学家之一。没有他们风浪里的出没，没有他们艰辛的付出，没有他们在南海的风吹日晒，就没有今天的科学成果。是他们在挽救濒危的珊瑚礁，是他们在突破人工繁育砗磲的瓶颈，是他们在挽救越来越稀少的礁岩性鱼类，是他们在帮助南海渔民走出破坏性的捕捞业，走向可持续发展的、富庶的明天。

当我们在赞叹南海的雄奇瑰丽时，别忘了他们的奉献！

七连屿有了“绿海龟”的新家

在三沙保护南海生物多样性和生态环境的，不仅有科学家，还有一个由三沙居民组成的特殊团队，那就是三沙市七连屿海龟保护站。

海龟被称为“大海里的旗舰物种”，它们以海藻为主食。三沙海域多绿海龟，这是海龟中体形最大的硬壳海龟之一，通常它的体长可达 80 ~ 150 厘米，体重在 65 ~ 136 千克之间，有记录最重的绿海龟可达 250 千克。绿海龟大多集中于水深不超过 50 米的近岸水域。主食是海中的海草和大型海藻，因此在体内的脂肪中积累了很多的绿色色素，呈淡绿色，

2012 年，一位驻岛多年的部队同志告诉我，他刚驻岛时，经常能看见绿海龟一排排从大海里现身，不紧不慢地爬上永兴岛沙滩，然后气定神闲地在沙滩上挖窝产卵。

“真的？”这让我一阵激动。

绿海龟是太神奇的动物，它有着特异的洄游定位功能，对栖息地的忠诚度很高，当它们在某个海滩破壳而出成为稚龟后，即冒着重重危险奔向大海，通常要 25 年以后才发育成熟。成熟后的海龟无论它平时的觅食地在哪里，无论与原来的出生地相隔多远，它都会游回自己的出生地，并在出生地附近的海滩产卵，繁育下一代。

海龟是怎么记住自己至少 25 年前的出生地的？人类至今未能破解这一谜团。

“但这几年，永兴岛附近一直没见到绿海龟。”当年他这句话，一直令我惋惜不已。

但三沙建市十年来，在三沙政府和居民的保护下，绿海龟已经重回永兴岛附近的七连屿了！

七连屿位于西沙群岛里的宣德群岛东北部，是赵述岛、西沙洲等岛洲所在的大礁盘的统称，包括北岛、中岛、三峙仔、南岛、北沙洲、南沙洲、西新沙洲等10座小岛。从空中鸟瞰，七连屿就像一串形状各异的宝石撒在南海的碧波之上，美丽无比。

赵述岛是因纪念明代赵述奉命出使三佛齐而得名。它与永兴岛隔海相望，两者相距仅4海里左右。虽然两岛之间没有常规的客运航班，但乘坐三沙市政府交通艇从永兴岛前往赵述岛只需20分钟。

而在赵述岛的东南方向，隔着海上通道“赵述门”与其遥遥相望的是北岛。北岛岛形“瘦长”，长达1.5千米，而最宽处仅350米，因此又名“长峙”。北岛历来是南海绿海龟的集中产卵之地，但从上个世纪六十年代起，我国南海渔民经常来此捕捉绿海龟。这对绿海龟来说，无疑遭遇了生存发展最大的“天敌”，因此到上世纪八十年代，北岛也已难觅其踪影了。

所幸的是，国家将绿海龟列入《中国国家重点保护野生动物名录》一级名录。2012 年 7 月，三沙建市后，市政府出台了一系列生态环保政策，对绿海龟实施强有力的保护，绿海龟又陆续回到了北岛等岛礁产卵，将其作为自己的栖息地和产卵地。

定居北岛的老渔民黄大伯，虽年已古稀，但依然精神矍铄。他年轻时是生产队捕鱼的一把好手，因此生产队将抓海龟的任务交给了他。而现在他却是七连屿海龟保护站的工作人员，保护站就设在北岛上。

在每年 4 ~ 9 月这长达半年的绿海龟产卵期，黄大伯每天清晨都要和岛礁巡护员一起去巡查海滩，一旦发现有绿海龟上岸的踪迹，就立即要在绿海龟产卵地附近做好标记，重点保护。

“为什么绿海龟要 4 月份以后才会上岸呢？”我问。

“水温是最重要的因素。每年三四月，雄海龟和雌海龟会到七连屿附近的海域交配，当天气转暖，海水温度达到 25℃时，绿海龟才会上岸在海滩排卵，通俗地说，就是下蛋。绿海龟的蛋约乒乓球大小。”黄大伯说。

“雌海龟一次能下多少蛋？”

“每窝蛋的数字不一样，我们数过，一般一窝蛋有几十个，最多的可以有上百个。我们还做了统计，有的雌海龟在一个产卵期会在这里下五窝蛋，每窝间隔 12 天。只要雌海龟认准这里是安全的产卵地，它头一窝产在这里，第二窝、第三窝都会产在这附近，它就把这儿当家了。但听专家说，雌海龟也不是每年都会产卵，有的会隔年来，还有的会隔好几年才来产一次卵。”黄大伯说，“只要我们不把这沙滩的环境破坏了，雌海龟就会永远记住这里是它的家。所以我们巡查海滩的重点任务是两个：一是为上岸产卵的雌海龟‘保驾护航’，让北岛的沙滩成为绿海龟安全放心的产卵地；二是保护刚孵出来的稚龟能平安下海。”

雌海龟埋在沙窝中的卵，要经过 50 天才会孵化出稚龟，但它的孵化率只有 6 成左右，破壳而出的稚龟，要经过 3 ~ 7 天才能爬出卵窝。它通常会在清晨三四点钟天还蒙蒙亮时爬出沙窝，凭借着与生俱来的对海浪的灵性，听从海浪的召唤，歪歪扭扭而又急迫地奔向明亮的大海，毫无畏惧地钻进浪花里。

但这一段生命的旅程却充满着未知的风险。刚出壳的稚龟，背皮还未硬化成“龟背”，从离开沙窝到爬过沙滩进入

大海，以及刚进入大海的头几天，都是其生存的“高危期”，它必须躲过陆地上的蛇和家禽，海里的鲨鱼、旗鱼、螃蟹和渔网，甚至天上的飞鸟与猛禽的袭击，才能生长发育逐渐长大，最终成为在海中少有天敌的成年龟。在这高风险的孵化期和稚龟期，为了生命的延续和物种的保存，雌海龟必须在一个产卵期产下几百个“子女”。但即使这样，这几百个“子女”能有一个幸存下来已经实属不易，据生物学家统计，每孵化的 1000 只稚龟中，只有一只能成熟。

令人高兴的是，自从 2012 年三沙建市设立七连屿海龟保护站以来，七连屿海龟上岸产卵数量有了迅速的增长，2014 年有 52 窝，2015 年有 96 窝，2016 年有 152 窝，2017 年增长到了 168 窝……这些年，海龟上岸产卵数又有了新的增长。

赵述岛的第一任“岛长”梁锋告诉我，三沙建市 10 年来，已有越来越多的渔民选择转产转业，加入到七连屿岛礁的生态保护工作中。“只有越来越多的人来保护好南海的生态环境和生物多样性，才能保护好这片我们祖祖辈辈生活的海。”

当我们在赞叹南海的雄奇瑰丽时，千万别忘了他们的奉献！

浪花礁石，碧波万顷有灯塔

茫茫大海中的灯塔，居高照远，是航海者的守护神。

灯塔，是海洋文化的重要组成部分。正是海洋文明的兴起，才有了近代意义上的灯塔。

现在，在广袤的南中国海中，我们中国造了多少灯塔、灯桩、灯浮标等助航设施？

如今，又是谁在守护南中国海的灯塔？

南海的四五月，本是一年里最为风平浪静的日子。若选择在这两个月里行船，无论是去西沙，还是去南沙，都是最“顺当”的。但南海航海保障中心近年有一次西沙海域助航设施建设现场调研和航标巡检，却选在3月下旬就出发，这有些不同寻常。

“更何况，今年春节比往年还晚些。我们3月下旬去西沙，按农历算，还只是2月中旬，所以我们事先就预知风浪会比往年3月下旬要大些。但这个出航计划不能推迟，

赶早不赶晚，灯塔灯桩早一点亮起来，南海的航路就能早一天得到改善。”在因风浪而摇晃的“海巡 172”船舱里，南海航保中心主任洪四雄告诉我。

于是，那些长年出没在南中国海的浪花和礁石上的汉子们，他们和他们前辈的故事在碧海蓝天中徐徐展开了。

灯塔和大海的故事

本次西沙海域助航设施建设现场调研和航标巡检，巡航范围几乎覆盖西沙群岛所有主要的岛礁。西沙群岛分布在50多万平方千米的海域内，下辖宣德、永乐两大群岛，大小岛屿共有22个，还有7个沙洲和8个环礁，以及众多暗礁海滩、台礁等。

偌大个西沙群岛，在2017年之前仅有两座灯塔：一座位于西沙永乐群岛的最北面，是北礁灯塔，距海口约200多海里。北礁地处我国大陆和海南的船只往返西沙南沙的重要航道；另一座位于西沙宣德群岛的最南端，是浪花礁灯塔，紧邻西沙群岛与中沙群岛之间繁忙的国际航道。这两座灯塔造型基本一致，所以有“西沙双子塔”之称。

这真让我没有想到：在南海西沙这片全球海上交通最繁忙的水域之一，当时竟然仅有两座灯塔。要知道，全球二分之一的商船、三分之一的货运总量和我国40%以上的外贸货物、80%以上的石油和天然气运输都要途经于此。而多年来，南海却一直缺乏民用的助航导航设施，仅有的两座灯塔和其他几座锈蚀的破旧航标，难以承担起保障南海航行安

全的助航设施功能，这种局面必须尽快改变！

我们从海南岛文昌市清澜港乘坐“海巡 172”船出发，船在茫茫大海中向南航行了十多个小时，北礁灯塔才渐渐出现在前方的海平线上。船长点开驾驶室里的电子海图，显示北礁是个东北 / 西南走向的近乎椭圆形礁盘，东西向长约 6.17 海里，南北宽约 2.67 海里，北礁灯塔位于其最南面的礁盘潟湖口门处。我从驾驶台上用望远镜瞭望，几乎难以发现位于海平面下的礁盘，仅灯塔附近有零星几块礁石露出海面，还有几艘靠泊的中国渔船。

水手林亚弟驾驶着“海巡 172”船放下的小艇，向北礁灯塔驶去。北礁灯塔在视线中渐渐高大起来，它呈圆柱状，外观白色，塔高 22.5 米，顶端有简易的“灯笼”。此“灯笼”非我们日常在城乡常见的红灯笼，而是由“钢结构 + 钢化玻璃”建成的灯室，灯器就安装其间。北礁灯塔属三级 A 类灯塔，它的灯质是“闪（2）白 6 秒”，即每 6 秒钟为一个明灭周期，每亮一次 2 秒，再灭 4 秒。灯光射程为 15 海里左右。灯塔设有中国领海基点方位点，是马六甲海峡至我国沿海港口国际航线上的重要助航标志。

登上塔基，才发现其状况不容乐观。灯塔最下一层没有

门，内有 6 层，巡检人员顺着塔内的铁梯往上爬。该灯塔建于上世纪 80 年代，距今已 30 多年，西沙长年高热高盐高温高湿的环境，让灯塔内的水泥板不同程度受损，多处出现长长的裂缝。越往上爬，就发现灯塔内的死鸟越多，其中有一只不知名的海鸟还长着漂亮的蓝色羽毛。没想到在茫茫大海上竟然有这么漂亮的鸟，真是让人深感痛惜。

海鸟为什么会死在灯塔里呢？正在检查灯器的西沙南沙航标处的高级工程师隋永举解释道，因为灯塔最下层没有装门，海鸟在大风天就会飞进灯塔避风。飞进灯塔后，海鸟发现灯塔上面是透亮的，它就一层一层往上飞，但灯塔最高处的灯室是透光而封闭的，海鸟再也无法飞出灯塔，结果就只能永久留在了灯塔里。

这些状况，与三天后登上浪花礁灯塔所见，基本相仿。

北礁灯塔安装的是新型 LED 灯器，如何检查灯质呢？隋永举先捂住灯器的“日光阀”，启动“夜间模式”，灯器果然亮起，然后用秒表监测灯质是否“闪白 6 秒”，确认灯质正常；然后，隋永举再断开电路，模拟“主灯故障”，看主副灯的转换是否正常，副灯是否及时亮起，再测副灯的灯质是否正常。确认主副灯均正常后，他俩还检查了电池，测

电压是否符合规定。如果达不到13伏，还要更换供电电池。最后的任务是擦拭太阳能电池板，以及打扫卫生。

灯塔上还安装了海南省气象部门用于测风、测雨、测湿度、测温度、测气压和测能见度的多种气象设备。来自省气象探测中心的李伟等巡检人员发现，用于测雨量的设备导线断了，所用蓄电池也出现了老化，都必须在年内尽早进行维修和更换。问题是如果将部分气象设备移到灯室内，是不是能保障得更好？

负责两座灯塔灯笼维护的工程师正忙着丈量灯塔平台铁门的尺寸。两座灯塔的铁门都锈蚀得很严重，必须重做；航保中心还要求在灯塔底层安装水密门；两座灯笼都要重做防腐处理，而且今后必须每年保养一次。

西沙群岛一南一北两座灯塔，它在海天波涛中每天都要经受怎样的严峻考验！

值得庆幸的是，这次西沙巡检，不仅确定了北礁、浪花礁这两座灯塔的维护方案，还与三沙市政府有关部门协调沟通，双方初步确定在赵述岛上建设一座新灯塔。洪四雄告诉我，初步设想是，赵述岛新灯塔将以距今约400年的海南文昌市七星岭最高处的斗柄塔为原型。斗柄塔呈八角形，共7

高尖石是南海唯一的一座火山角砾岩岛屿，也是西沙群岛唯一露出水面的火山岛。曾有地质专家考证说，它是西沙群岛最古老的岛屿之一。

中国

南海航保中心三沙航标处通过科技创新，在西沙高尖石上矗立起新灯桩。　三沙航标处 供图

如今，从高尖石附近的国际航道驶过的船舶，远在距高尖石10海里外，就能见到它红白相间的圆柱体灯柱，十分醒目。晚上，则能根据它闪白6秒的灯光信号，规避潜伏在海面下的暗礁。

层，高 30 多米。虽然那时塔顶尚未使用灯火，但它遥对琼州海峡，是白天可靠的目视助航设施，为商旅渔船的往返指示航向。选择斗柄塔的造型，是希望它能成为西沙新的标志性建筑。

位于浪花礁上的浪花礁灯塔，塔高 22 米，灯光射程 15 海里，灯质闪白 4 秒，为三级 A 类灯塔。站在浪花礁灯塔上，我放眼环顾四周，只见碧波万顷，海天一色，祈愿西沙海域早日亮起第三座中国灯塔的光芒！其时 2017 年 3 月。

渔民和航标的故事

盘石屿，又称“海瑞岛”，位于永乐群岛华光礁的东南部，是一个长约 6.8 千米、宽约 3.5 千米的环礁，但由于礁盘上已发育出一个大约 0.4 平方千米的沙洲，故称其为“屿”。

此前，三沙市政府向南海航保中心提出，希望能在盘石屿、玉啄礁、华光礁上安装灯塔或灯桩等助航设施，为渔民航行安全提供保障。“海巡 172”船正是为此前来勘查海况，但小艇要找到进入环礁的航道，并非易事。我曾在浪花礁灯塔上居高临下瞭望航道，因海水通透，何处是航道，何处是礁石，一眼望去，十分清晰，但人一下到小艇上，不再居高临下，就难辨何处是航道了。尽管水手们有着“深蓝的是海，水色青绿的是潟湖，黑色的是礁石”等经验，但要在陌生的潟湖里辨识曲曲折折的航道还是颇为棘手。

见不远处有我国渔船，南海航保中心的同志出了个点子：渔民长年在这里打鱼，他们熟悉航道，请渔民为我们的小艇带路准保没错。

这艘船号“琼·琼海渔 01679”的渔船，来自海南潭门。一听巡检人员说明来意，一个精壮的小伙子立即跳上小艇，指挥小艇向盘石屿驶去。

小艇在他的指挥下，忽左行，忽右转，绕过潜伏在水中的一块块礁石。再往前，忽然前方出现了奇怪的一“景”：在一块略微露出海面的礁石上，显然是人工摆上了另一块礁石，后面还插着一根仅一米多高的木棍，木棍上绑着一块破布，但这破布已经被海风撕扯得所剩无几。

这是啥？

只见这小伙子连声指挥驾艇的水手：“右转！右转！右转！”原来这是渔民自己在海里立的“土航标”！

“它早就有了，”小伙子有把握地说，“台风一来，就

把它刮跑了，但我们渔民都知道它该立在哪儿，台风走了我们再立一个。”

不能不佩服中国渔民的智慧和坚韧。“灯塔、灯桩、灯浮标、导标，这些海上助航设施，就如一个城市公共交通中的红绿灯、路况显示牌，在过去的西沙建成的有限；如今，为保障航运安全、服务渔民，尽国际海事组织规定的义务，我们要在南海尽快建成一个现代化的综合航海保障体系。”同乘小艇去盘石屿勘查的洪四雄说。

为多快好省地给渔民提供海上助航设施，南海航保中心还首创了“水中灯桩”。

次日，在前往羚羊礁的途中，我见到了航道两侧按国际通行的进港方向“左红右绿”规则建成的 4 红 2 绿共 6 座水中灯桩，正相当明晰地指示着航道。

“你知道之前渔民进出羚羊礁是靠什么指示航道吗？”洪四雄考考我，我自然一头雾水。

“是泡沫块。渔民把白色的泡沫块系上绳子，漂在航道两侧。但这泡沫块白天可见，晚上就啥也看不见了啊。”

当南海航保中心承诺给羚羊礁建水中灯桩时，羚羊礁上的渔民高兴极了。2016 年，6 座水中灯桩在此亮灯，日夜为

渔民和进港船只护航。

渔民对海上助航设施的需求正越来越迫切。在赵述岛、晋卿岛、羚羊礁、银屿等地，由三沙市政府出资建设的渔民新村正在建设中。在银屿，我见到了过去渔民用珊瑚礁搭建的“窝棚”，真是很难相信南海的渔民在2010年之前竟然都“蜗居”在这样的“滚地龙”里面。如今政府统一出资建设的漂亮的渔民新村与其相比，毫无疑问真是“换了人间”！

2016年8月，岛上的5栋渔民楼建成交付，一栋可住2户渔民，每户有洗浴和卫生设备，还配套送了一大一小两台冰箱、一台大屏幕液晶电视机。政府还给每个渔民村安装了柴油发电机和海水淡化装置，使海岛的生活条件大为改善，渔民更加安居乐业。过去，岛上条件太艰苦。住岛的都是老渔民，潭门就有3位老人住在岛上，3个人加起来210岁。如今西沙不仅渔民多了，而且是年轻的渔民多了，更重要的变化是游客也多了。目前，三沙旅游开放了银屿岛、全富岛等多个岛屿的旅游航线，游客可乘坐邮轮前往，到了西沙群岛的银屿、鸭公和全富岛后，游客欢天喜地地下船登岛，在“渔家乐”中享用南海特有的海鲜，还可以洗海水浴，在海滩上烧烤，回船时带上渔民已经晒干的各种海货。

为了招待游客，银屿岛的渔民还在岛上养了一大群海鸭子，别以为鸭子只能在水塘里浮水，在海浪里也一样悠哉游哉。成了“鸭司令”的渔民大叔告诉我说，用海鸭子的蛋腌制咸鸭蛋，蛋黄特别红，油水特别足呢！

海岛旅游也让从事旅游业的渔民走上了致富路。在银屿，那时南海名产苏眉鱼可以卖到 400 元一斤，依然大受游客欢迎，因为别说在广州、上海，即使在海南岛，苏眉这样的名鱼也是很难见到的啊！

海上旅游业的兴旺也带“热”了航标需求。现在，每个月都有三四艘旅游船来银屿，游客分批坐小艇上岛，到我们渔家尝海鲜，没有灯桩指示航道真不行。

银屿岛上，正对着进港航道，一座新灯桩的地基已经打好。不久后，施工队伍就将踏海而来，建起一座新的灯桩。

航标是海上最重要的交通基础设施。推动西沙助航设施建设的，正是“人民对美好生活的向往”这一最大的需求。

南海航保人和风浪的故事

南海航保中心在三沙设有航标处，航保人长年出没在西沙南沙的浪尖上，风浪是他们最大的对手。

早在“海巡 172”出发的次日上午，指导船长在给全体随船人员上安全课时就强调：“登艇时，船和艇都在摇，因此必须注意摇晃的节奏。下艇时，不要急着跳，先看它上下几个回合，看清了摇的节奏再跳。看到小艇往下时，千万不要跳；等到小艇被浪推着往上时，你再跳。一旦决定跳，就必须干脆利落，不要犹豫。”可见涌浪的厉害和航保人的勇敢。

3 月 28 日，我首次下小艇时，被格外关照地安排在最后一个下船登艇。既是新手，还穿上救生衣、挎上相机、戴上安全帽，自然笨拙了许多。下艇时，大船上有无数只手拉着我的胳膊，而小艇上很快伸出好多只手将我接住。一下艇，机工长一边连声嘱咐“蹲下蹲下”，一边眼明手快地探身从海面上抢回了被我不慎碰掉的相机镜头盖。

3 月 30 日，“海巡 172”船在完成了东岛上的 AIS（船舶自动应答系统）基站主机更换后，前往东岛西南约 7 海里处的高尖石。

“海巡 172”在距离高尖石 0.3 海里处抛锚，放下小艇，准备登岛。高尖石是南海唯一的一座火山角砾岩岛屿，也是

西沙群岛唯一的露出水面的火山岛。曾有地质专家考证说，它是西沙群岛最古老的岛屿之一。三沙市政府曾向南海航保中心提出，希望能在此建立一座灯桩。

船长王社强提醒说："现在风力 6 级，浪高 1.5 ~ 2 米，小艇登岛可能有危险。"

南海航保中心的几位领导商量后一致决定：安全第一，如果现场风浪不大，有条件就上岛；如果风浪太大，不强行登岛。

9 名上艇队员中年龄最大的一位已年逾花甲，是设计灯塔灯桩的专家唐云贵。小艇在波涛中剧烈颠簸着，激起的浪花很快把所有人的全身打湿了，他依然精神矍铄，目光坚毅。

高尖石在波涛中逐渐显现。这个三角形的小岛虽然高出海面不过六七米，但四周已被长年的波涛拍打、侵蚀成了海崖。小艇绕行高尖石多圈，没有找到可以靠泊的地方。我问驾驶小艇的林亚弟："小艇能靠岸吗？"

林亚弟双眼紧盯着砸碎在海崖上的浪花，摇头说："涌浪这么大，小艇靠上去就可能直接被拍到崖石上了！"

登岛无望。

这让人想起 2016 年交通部前往南沙群岛验收新建灯塔

时的情景。当南海航保人从顶到浪尖的小艇上“飞身”上岛时，目睹这惊险一幕的交通部安全总监感慨道：“这哪是你们的口号‘用心照亮南海’啊，这简直是‘用生命照亮南海’！”

对讲机里连声传来船长让小艇“不要冒险登岛”的指令。虽然没有登岛，但在陈在强的指挥下，李威、白明轩等人还是用无人机拍下了高尖石的全貌，这对将来的施工作业非常必要。

正是西沙瞬息万变的海况，增添了航海保障设施建设的难度。本次巡检，原计划更换赵述岛已经使用了一年多的2红1绿总共3个灯浮标，但抵达现场后，经专家组现场勘查，宣布“计划变更”。

“海巡172”船长度是72.25米，但赵述岛的航道只有70米宽，原来打算先更换绿色的1号标，但发现在对面红色的2号标附近有一块礁石，离水面只有3米，而船吃水4米多深，今天刮的又是东北风，如果航道两侧的海底是泥沙质的，那问题不大，但有暗礁，万一海风将船体吹向暗礁，那船只受损的概率太大了，所以专家组最后决定取消这次作业。

在外人眼里阳光明媚、天蓝水清，景色堪比马尔代夫的西沙海域，海上施工却有那么多风险和意想不到的制约因素！

之前，我为这次更换灯浮标，一大早就跟拍了不少准备工作照片，还选好了拍摄灯浮标起吊入水的最佳位置，现在突然听到任务取消，着实有几分沮丧。

“今天，你看到的是我们真实的工作状况。”许舜若安慰道。

他的话点醒了我，这就是南海航保人工作的本真状态：风、浪、涌、潮位、暗礁，使命、责任和风险，都是他们工作的日常。

“一帆风顺”，世人这美好的祝愿，对长年出没在西沙南沙波涛中的他们而言，更多的只是一种美好的愿景。

更“惊险”的经历，是在小艇从盘石屿返回母船的途中。驾驶员林亚弟突然发现小艇的排气管冒黑烟，机工长立即下令停船检修。原来是小艇在盘石屿冲滩时，沙子吸进了冷却水管，把滤网堵住了。好在海上生涯二十多年的机工长经验丰富，20 来分钟就排除了故障。

“这个小艇其实是救生艇，我们现在把它当作冲锋艇在

用，”西沙南沙航标处处长林显科感慨地说，“什么时候，我们能有一艘适合南海海况的冲锋艇就好了。”

航程900多海里的西沙巡检基本完成，在返回海口的途中，我请教唐云贵，高尖石究竟能否建灯桩?

“我这几天也一直在琢磨，这样的海况，人都不容易上去，该怎么建?”他边思考边回答，“这风高浪急滩又浅的，确实是一对矛盾。高尖石不适合搞大面积浇筑，看来上部应当按个铝合金灯桩，主体部分在陆地上先做好，下部的基础结构采用预制块拼装的方式，最后到现场‘植筋’。”他见我不明白“植筋”这行话，就解释道，“就是把基础部分的钢筋插进岩石里固定住，最后拼装完成。估计将来最大的成本还不是建设，而是维护。这里从海口开船过来有好几百海里啊。”

这让我想起洪四雄的话，“在西沙、南沙建一座灯塔的成本，是在大陆上建同样一座灯塔的5至10倍。”

此前，在书本上看到灯塔，只知其巍峨和光明；而到了海上，方知其建设和维护有多难，要付出多少辛苦!

南海航保人，都是浪花上的好汉!

灯塔和航海的故事

一天傍晚，当“海巡 172”轮迎着映红了天际、在碧海上洒下无数道金线的夕阳驶去时，一大群飞鱼突然出现在船的左舷。它们以特有的节律从浪花上跃起，钻入波涛，再带着金波跃起，又钻入波涛……似乎要和“海巡 172”轮比试谁的速度更快。这大海的美景突然唤醒了一个潜藏在我心中已久的问题：“我们究竟为什么要关注南海的灯塔？”

为什么？我问自己，关注灯塔仅仅是为了船舶在南海的航行安全吗？

肯定是，在全球化的时代，海洋贸易如此重要，航行安全怎能不关注？但，肯定不全是。

灯塔还意味着什么？灯塔是船舶的指路明灯，灯塔是海船在大海中安全航行的守护神。为航海而建的灯塔，承载着人类探索海洋的历史。

如今，我国在南海海域总共有 60 多座灯塔，其中有 13 座是“百年灯塔”：

南澎灯塔，建于 1874 年，坐落于广东汕头市南澳县东南方向 20 多千米的南澎列岛上的南澎岛。它采用柴油机发

电，旋转发白色光，当地渔民称为“白火”。“白火”为当时闽粤塔身最高、射程最远的灯塔之一；

表角灯塔，建于1880年，位于粤东沿海汕头港达濠半岛广澳角。原塔为铸铁所造，上涂白色；现为白色圆柱体混凝土塔，灯高61.8米。灯质为闪白8秒，射程为24海里。

石碑山灯塔，建于1882年，位于广东揭阳市惠来县靖海镇西南方的坂美村旁，石碑山岬东南位置。塔高36.6米，灯高30.5米，铸铁圆柱体塔身的外直径约2.4米，是当时亚洲第一高灯塔，采用四重灯芯煤油灯，发射亮度为206000烛光的白光，每20秒闪光一次。《惠来县志》记载：“石碑山灯塔，清光绪八年（1882年）由万国公司兴建，权属英国……”

临高灯塔，建于清光绪十九年（1893年），位于海南临高县临城镇昌拱村的临高角海边，是中国沿海最西边的灯塔，由法国人建造，红白相间横带圆柱体铁制塔身，灯光可照射8海里，为往来琼州海峡及通往北部湾的船舶标示航道，它是国家级保护文物，名列国际航标协会选定的“世界一百座历史文物灯塔”之一。

……

由此可见，灯塔不仅是海洋文明的产物，还是我国近代史的一部分。

为什么我国南海的“百年灯塔”几乎都是西方列强建造的？十九世纪的两次鸦片战争，西方列强以坚船利炮打开了封闭的清帝国的大门。1860 年 9 月，八国联军入侵北京，清政府被迫与西方列强签订了《中英北京条约》《中法北京条约》，同时互换了《天津条约》批准书，增开沿海沿江十处通商口岸，潮州（后改汕头）等被迫开埠通商，为确保航运安全，英法等国在我国南海的重要港口城市的进出港航道，尤其是水域地形复杂之处建造了这些灯塔。

这些历经沧桑的“百年灯塔”，如今还好吗？

从西沙归来，我专程前往了位于粤东沿海汕头港鹿屿岛的鹿屿灯塔。

鹿屿灯塔，始建于1880年，位于粤东沿海汕头港鹿屿岛。鹿屿岛坐落在汕头港的主航道通往外海的咽喉要道处，岛的最高处，那座有着 140 多年历史的红色圆形铸铁拼装灯塔仍在。塔高 6.6 米，它原装有 300 毫米牛眼镜旋转灯一具，灯质为红、白互闪，红光的射程为 6 海里，白光射程为 10 海里。灯塔脚下还有作为声响助航设备的两座英国 19 世纪制造的

雾炮，它是我国南海海区迄今最为古老的近代灯塔之一。

1868 年，一向祈求妈祖庇佑渔民安全的汕头地区，首次出现了近代助航设备——灯塔，这预示着汕头的通航史翻开了新的一章。如今，在红色老灯塔边上，又矗立着一座造型宛如“渔女擎灯”的新灯塔。原塔与新塔并肩而立，如同历史和现实在此交汇。在岛上值班的老师傅说，新塔建成也有 25 年了。

我提出，能否上新灯塔看看？

老师傅说，行，但上去必须光脚，不能穿鞋。

客随主便。当我走上新塔里九九八十一级铁梯后，才明白为什么必须光脚：每一级台阶都刷着油光铮亮的绿漆，几乎一丝灰尘也没有。再爬上 10 级垂直的铁梯进入灯室，意外发现灯室拉着厚厚的窗帘。“我们每天早晨熄灯后就拉上窗帘，晚上开灯前再拉开窗帘，”老师傅解释说，“我们怕阳光太强烈把灯具晒坏。”

这意外的发现感动了我：他们是把这灯塔当作自家的卧室一样在保养啊！

新塔的灯光无疑照得更远，灯质单闪白 5 秒，灯光射程 18 海里。还增设了全球差分定位系统（简称 DGPS），以帮

助船舶修正全球定位系统（GPS）的误差。

趁阳光洒满灯室，我细细观察中间的灯器。突然发现，灯器中间，竟有一道彩虹。阳光经过几面透镜的交替反射，呈现出一道两边向上、宛如正翘起嘴角微笑的彩虹！

南海的每座灯塔里，都有一道微笑的彩虹。

我还发现，南海的这些“百年灯塔”都有一个共同的特征：它们都建在进出粤琼两地沿海重要港口的航道上，而在南海的“深蓝”海域——尤其是中沙、南沙群岛，一座“百年灯塔”也没有！

可见这些“百年灯塔”，当时主要是为了满足来自印度洋、太平洋的外轮进出南中国海重要沿海港口而设。其时，西方列强的舰船已从“深蓝”驶进中国，而中国的渔民虽然世世代代用《更路簿》去南海，虽然早有郑和下西洋的壮举，但我们工业文明的起步太晚了。这些用上电的百年灯塔，都是航海文明和工业文明相结合，工业文明又大力助推航海文明的产物啊！

百年风云，百年沧桑。新的世纪、新的时代，中国已翻开崭新的一页。

中国灯塔史随着中国航海史和中国工业史的嬗变，也写

下了新的篇章：2015 年 10 月以来，我国相继在位于南沙群岛的华阳礁、赤瓜礁、渚碧礁、永暑礁和美济礁建成了 5 座大型多功能灯塔，这是我国建设海洋强国、服务“一带一路”的重要举措，开创了中国灯塔建设从沿海走向“深蓝”的新纪元！

2022 年 3 月，在南沙 5 座大型灯塔中，最先建成发光的是华阳礁和赤瓜礁这两座灯塔。这两座灯塔自 2015 年 5 月 26 日开工，当年 10 月 9 日就正式发光了，仅用了 137 天的时间，效率之高，前所未有。这两座灯塔的建成，刷新了中国灯塔建设记录，开创了六个“最”：距离最远，华阳和赤瓜礁距离海南三亚均超过 1000 千米；工期最短，2 座大型灯塔从开工建设到发光投入使用仅用了 4 个多月的时间；难度最大，南沙海域距离陆地较远、通航条件复杂、台风频繁，“四高三无”（高温、高湿、高盐、高辐射，无水、无沙土、无植被）特征明显，无法预见的困难因素多；位置最特殊，两座灯塔是我国首次在南沙海域建设的大型多功能灯塔，且位于南沙群岛紧邻国际航道的位置；标识最清晰，在我国全部灯塔中，这两座灯塔在设计上凸显了中国风格、中国气派，是最具代表性的中国灯塔；技术性能最具先进性与

综合性，灯塔塔身采用钢筋混凝土，塔高 50 米，并配置 4.5 米灯笼，配备大型航标灯器，灯光射程 22 海里，采用北斗遥测遥控技术和 CCTV 视频监控，实现工作状态远程监控，灯塔同时具备船舶自动识别系统基站和甚高频通信功能，为航经该水域的各国船舶提供全面的导助航服务。

为纪念中国灯塔首次走进“深蓝”，2016 年 10 月 28 日，中国邮政发行了《中国灯塔》特种邮票，全套 5 枚，图案内容分别为华阳灯塔、赤瓜灯塔、渚碧灯塔、永暑灯塔和美济灯塔。5 座灯塔造型各异，但都体现了中国文化特色，竖立在碧海之上蓝天之下，美轮美奂！

如果您是集邮爱好者，《中国灯塔》可是一套意义非凡，值得收藏的邮票啊！

2019 年，华阳和赤瓜灯塔建成发光还入选了《中华人民共和国大事记（1949 年 10 月—2019 年 9 月）》。

灯塔和科技的故事

2022 年，在提笔写这些文字之前，我一直想知道：当年三沙市政府迫切希望在高尖石上建一个灯桩，这个愿望实

现了吗？这些年来，三沙海域的航保设施，又有哪些可喜的进展？

南海航保中心三沙航标处的朋友，很快给我发来一个视频链接。打开视频链接，一眼就认出了那是上次因为风高浪急想上而没有上成的高尖石。

高尖石上已经矗立起高高的灯桩，灯高 14 米，桩身为红白横带相间的圆柱体，像挺立在山崖上的哨兵，任脚下惊涛拍岸，依然登高远望，气宇轩昂。

高尖石上建灯桩，这昔日的难题，南海航保人是如何破解的？

在三沙海域建设灯塔等助航设施，首先面临着极端气候条件的挑战。南海属于热带高温高湿海洋季风气候，高温、高湿、高浓度氯离子、强阳光暴晒、盐雾、盐水、浪溅、干湿交替、台风、海水温度高，海水中多种化学元素，还有各种海生物、微生物，以及氧气浓度差异带来的腐蚀，是目前国内腐蚀条件最为严酷的区域之一。在这样的环境里，如果像在汕头和湛江一样用混凝土和钢结构建一个灯塔的话，那肯定用不了多久，混凝土和钢结构都会在高温、高湿和高浓度氯离子的相互作用下发生物理和化学变化，原本坚硬的混

凝土会开裂，甚至一碰就剥落，从而露出里面的钢筋，于是高浓度氯离子会乘机腐蚀钢筋，钢筋很快就会被锈蚀。

为了破解这一难题，三沙航标处请来天津的科技专家，有针对性地研发了一种“线性低密度聚乙烯材料”，用以制造灯桩桩身和顶部平台。“线性低密度聚乙烯材料”本身具备了超强的抗腐蚀能力和抗老化能力，且不会因老化而产生脆性，保证了良好的抗穿刺性与撕裂强度。采用这种新材料包裹起灯桩的不锈钢骨架，使它既硬又韧，在灯桩和底座的表面还分别采用陶瓷耐蚀涂层、钛合金纳米重防腐蚀涂料层和聚乙烯阻水层，有效避免了海水直接接触设施本体，大大增强了灯桩在恶劣气候环境下的耐腐蚀性。

高尖石灯桩可多年进行一次维护，其抗风强度可以达到50米/秒，相当于能抗十五级飓风。这等级，在陆地基本没有，即使在海上也不多见啊。

2019年春夏之际，高尖石灯桩开始建设。倘若以传统的方式在大海中建造一座“混凝土基座+不锈钢结构桩身”的灯桩，就必须使用一艘有几十吨起吊能力的施工船进港，还要在现场搅拌混凝土。因为混凝土必须使用淡水搅拌，如果用海水搅拌混凝土会腐蚀里面的钢筋，所以施工船还要携

带和使用大量淡水。由于受航道深浅的影响，仅仅一艘大船是无法完成施工任务的，还必须有多艘小船配合。更重要的是，以混凝土的方式施工建造，势必会影响周边海底珊瑚礁的生存环境。

而使用这种新材料还有一个好处，是可以将整个灯桩的桩身分解成多个部件，便于到现场安装。高尖石崖高坡陡，登崖的“小路”只容一个人行走，没法两人一起抬重物上岛。灯桩有 12 米高，如果是个整件的话，一个人是肯定扛不动的。根据高尖石的海情特点，将整件分解，每个部件“限重”为 30 千克以下。必须保证在没有起重设备的条件下，一位施工人员就能将灯桩的一个部件抱到在建灯桩的高处。

正是因为新材料可以在陆上模块化生产，再到海上现场组合式安装，大大降低了建造一座灯桩的运输成本和人力成本。专家估算，材料成本和运输成本为传统的“混凝土 + 钢结构”方式的六分之一，工期也从原来的 1 个月缩短到 1 周。因此，人力成本大为降低，仅为传统方式的十分之一。

2020 年 8 月，高尖石灯桩正式投入使用，其灯光射程 10 海里，灯质闪白 6 秒，且具有北斗遥测遥控功能，为一级 A 类灯桩。如今，从高尖石附近的国际航道驶过的船舶，

远在距高尖石10海里外，就能见到它红白相间的圆柱体灯柱，十分醒目。晚上，则能根据它闪白6秒的灯光信号，规避潜伏在海面下的暗礁。

这就是新科技给南海灯塔灯桩带来的新变化。一座座新的助航设备，在新科技的帮助下，已经在碧海蓝天间安下了“新家”。

如今，成立10年的三沙航标处已经在三沙海域建成了各类航标60多座，在三沙水域，还实现了北斗遥测遥控航标全覆盖，西沙水域重点岛礁民用海图全覆盖，既宣示和维护了国家海洋权益，也为南来北往的万千船舶指明了安全的航向。

这，就是南海万顷碧波中灯塔的故事。